高职高专规划教材
浙江省普通高校“十三五”新形态教材

BIM脚手架专项施工方案实务模拟

陈园卿　刘冬梅　主编

中国建筑工业出版社

图书在版编目（CIP）数据

BIM脚手架专项施工方案实务模拟／陈园卿，刘冬梅主编．— 北京：中国建筑工业出版社，2019.5
高职高专规划教材．浙江省普通高校“十三五”新形态教材
ISBN 978-7-112-23419-6

Ⅰ．①B… Ⅱ．①陈… ②刘… Ⅲ．①脚手架 — 工程施工 — 应用软件 — 高等职业教育 — 教材 Ⅳ．①TU731.2-39

中国版本图书馆CIP数据核字（2019）第043540号

本教材主要内容包括概述、脚手架工程基本知识、BIM脚手架工程软件应用。

本教材既可作为高等职业院校教材，也可作为相关技术人员参考用书。

为更好地支持本课程的教学，作者自制免费教学课件资源，请发送邮件至10858739@qq.com索取。

责任编辑：朱首明　刘平平
责任设计：李志立
责任校对：姜小莲

高职高专规划教材
浙江省普通高校“十三五”新形态教材
BIM脚手架专项施工方案实务模拟
陈园卿　刘冬梅　主编
*
中国建筑工业出版社出版、发行（北京海淀三里河路9号）
各地新华书店、建筑书店经销
北京建筑工业印刷厂制版
北京建筑工业印刷厂印刷
*
开本：787×1092毫米　1/16　印张：4½　字数：98千字
2019年6月第一版　2019年6月第一次印刷
定价：15.00元（赠课件）
ISBN 978-7-112-23419-6
（33720）

如有印装质量问题，可寄本社退换
（邮政编码 100037）

本教材编写组成员

主　编： 陈园卿　浙江建设职业技术学院

刘冬梅　南京科技职业学院

副主编： 孙群伦　浙江建设职业技术学院

陈　哲　杭州品茗安控信息技术股份有限公司

主　审： 李　强　浙江水利水电学院

参　编： 冯亚飞　重庆房地产职业学院

陈水华　浙江华联置业有限公司

黄晓丽　闽西职业技术学院

刘　健　新疆农业大学水利与土木工程学院

刘开富　浙江理工大学

陆盛武　广西生态职业技术学院

罗桂发　柳州铁道职业技术学院

曲恒绪　安徽水利水电职业技术学院

孙玉龙　黄河水利职业技术学院

王　伟　绍兴文理学院

吴晶晶　重庆房地产职业学院

徐　林　广西水利电力职业技术学院

前　言

随着我国市场经济体制改革的不断深入，建筑施工技术不断更新，脚手架工程的应用也随着计算机应用和BIM技术发展而发生着深刻的变化。为适应建筑业高素质、高技能人才培养的需要，在以就业为导向的能力本位教育目标下，我们与教育、企业和行业的专家长期合作，进行了BIM脚手架专项施工方案实务模拟相关的教学研究和教学改革，致力于开发建设为高技能技术人员培养服务的能力训练课程。

本教材首先介绍脚手架工程专项施工方案的背景，脚手架的基本知识内容，再结合实际案例学习BIM脚手架工程设计软件的应用，按国家、行业制定的最新规范、标准和法规，使学习者能够高效地掌握BIM脚手架工程设计、施工方案编制的技能并应用到实际工程中去。

目　录

1　概述……1
1.1　编制脚手架工程施工方案背景和基本要求……1
1.1.1　编制脚手架工程施工方案背景……1
1.1.2　脚手架工程的基本要求……2
1.2　脚手架工程施工方案内容……2
1.2.1　脚手架工程施工方案内容规定……2
1.2.2　脚手架工程施工方案内容解读……3
2　脚手架工程基本知识……5
2.1　脚手架的分类及组成……5
2.1.1　脚手架分类……5
2.1.2　扣件式脚手架组成……6
2.2　脚手架设计……7
2.2.1　脚手架构配件设计……7
2.2.2　脚手架尺寸设计……11
2.3　脚手架模型验证……12
2.3.1　脚手架验证规定……12
2.3.2　落地脚手架设计计算……13
2.3.3　悬挑式钢管脚手架设计计算……17
2.3.4　扣件式脚手架计算实例（节选）……19
2.4　脚手架搭设和拆除……28
2.4.1　脚手架施工规范……28
2.4.2　脚手架施工技术……35
2.4.3　施工管理……37
3　BIM 脚手架工程软件应用……39
3.1　软件应用概述……39

3.2 工程信息设置……41
3.3 CAD 转化……49
3.4 智能搭设脚手架……57
3.5 图纸方案……64

参考文献……66

1 概　　述

在我国近30年高速城市化进程中，建筑工程发挥了重要的作用，也取得了重要的发展。随着建筑规模、建筑高度、建筑跨度越来越大，同时建筑施工的难度也在增加。脚手架工程是目前建筑施工重要的施工措施，也是危险性较大的工程，随着计算机应用的深入和BIM技术的发展，脚手架工程的应用也发生着深刻的变化。

1.1　编制脚手架工程施工方案背景和基本要求

1.1.1　编制脚手架工程施工方案背景

在我国改革开放初期，建筑规模比较小，高层建筑比例不高，编制建筑施工组织设计即可满足施工安全生产要求，简便的施工组织设计只包含“一案一表一图”，一案是施工方案，一表是进度计划表，一图是施工总平面图。

随着我国经济发展，城市化进程加快，建筑工程施工的难度增加，参建人员培训的滞后，临设材料良莠不一，技术标准滞后等原因使得建筑施工安全生产任务越来越艰巨，相关管理部门颁发了多个管理办法，建筑行业颁布了技术标准，如:《建筑施工扣件式钢管脚手架安全技术规范》JGJ 130—2011，住建部令［2018］第37号《危险性较大的分部分项工程安全管理规定》建办质［2018］31号《住房城乡建设部办公厅关于实施〈危险性较大的分部分项工程安全管理规定〉有关问题的通知》。

1. 编制专项施工方案的脚手架工程

依据建办质［2018］31号《住房城乡建设部办公厅关于实施〈危险性较大的分部分项工程安全管理规定〉有关问题的通知》、为加强对危险性较大的分部分项工程安全管理，明确安全专项施工方案编制内容，规范专家论证程序，确保安全专项施工方案实施，积极防范和遏制建筑施工生产安全事故的发生。其中第五条规定：施工单位应当在危险性较大的分部分项工程施工前编制专项方案。

以下六项为危险性较大的脚手架工程，需要编制脚手架专项施工方案。

（1）搭设高度24m及以上的落地式钢管脚手架工程（包括采光井、电梯井脚手架）。

（2）附着式升降脚手架工程。

（3）悬挑式脚手架工程。

（4）高处作业吊篮。

（5）卸料平台、操作平台工程。

（6）异形脚手架工程。

2. 组织专家论证的脚手架工程

符合以下三项规模的危险性较大的脚手架工程，施工单位应当组织专家对专项方案进行论证：

（1）搭设高度50m及以上落地式钢管脚手架工程。

（2）提升高度150m及以上附着式升降脚手架工程或附着式升降操作平台工程。

（3）分段架体高度20m及以上悬挑式脚手架工程。

1.1.2 脚手架工程的基本要求

为确保脚手架工程的安全使用，根据《建筑施工脚手架安全技术统一标准》GB 51210—2016，脚手架应满足以下基本要求：

（1）脚手架搭设和拆除前，应根据工程特点编制专项施工方案，并应经审批后组织实施。

（2）脚手架的构造设计应能保证脚手架结构体系的稳定。

（3）脚手架的设计、搭设、使用和维护应满足下列要求：

1）应能承受设计荷载；

2）结构应稳定，不得发生影响正常使用的变形；

3）应满足使用要求，具有安全防护功能；

4）在使用中，脚手架结构性能不得发生明显改变；

5）当遇到意外作用或偶然荷载时，不得发生整体破坏；

6）脚手架所依附、承受的工程结构不应受到损害。

（4）脚手架应构造合理、连接牢固、搭设与拆除方便、使用安全可靠。

1.2 脚手架工程施工方案内容

1.2.1 脚手架工程施工方案内容规定

建办质［2018］31号《住房城乡建设部办公厅关于实施〈危险性较大的分部分项工程安全管理规定〉有关问题的通知》明确规定脚手架专项方案编制应当包括以下内容：

（1）工程概况：危大工程概况和特点、施工平面布置、施工要求和技术保证条件；

（2）编制依据：相关法律、法规、规范性文件、标准、规范及施工图设计文件、施工组织设计等；

（3）施工计划：包括施工进度计划、材料与设备计划；

（4）施工工艺技术：技术参数、工艺流程、施工方法、操作要求、检查要求等；

（5）施工安全保证措施：组织保障措施、技术措施、监测监控措施等；

（6）施工管理及作业人员配备和分工：施工管理人员、专职安全生产管理人员、特种作业人员、其他作业人员等；

（7）验收要求：验收标准、验收程序、验收内容、验收人员等；

（8）应急处置措施；

（9）计算书及相关施工图纸。

1.2.2　脚手架工程施工方案内容解读

专项施工方案是施工组织设计的核心内容，一个高质量的脚手架工程专项施工方案一般要包括下列内容。

（1）工程概况简介

在脚手架工程专项施工方案中，首先要有针对性地把该工程的一些概况加以说明，应包含建筑结构类型、建筑物或构筑物的尺寸、总高及层高，结构及构件的截面尺寸，房间的开间、进深，悬挑等特殊部位的尺寸，地基土质情况，地基承载力值，施工作业条件，混凝土的浇筑、运输方法和环境等。

（2）主要编制依据

脚手架施工方案的编制依据主要有对应工程的施工图纸，施工组织设计；类似工程的有关资料；企业的技术力量、施工能力、施工经验、机械设备状况及自有的技术资料；施工现场勘察调查得来的资料信息，以及脚手架施工规范、施工验收规范、质量检查验收标准、安全操作规程等。

（3）脚手架设计与计算

针对不同的脚手架工程，在施工方案中需要对脚手架方案进行优选、构造设计，并进行强度和稳定性验算，因此，脚手架设计与计算是脚手架施工方案编制的重点与难点。

（4）脚手架工程施工要求

脚手架工程施工要求包含施工准备（施工现场准备、技术准备、材料准备、劳动力和施工机具准备）、地基与基础要求、搭设和拆除的施工工艺和方法，其中施工工艺的优劣直接决定了整篇施工方案的水平。

（5）脚手架工程质量检查与验收

评价一个脚手架工程的优劣，主要是通过其质量来实现的。质量是工程的生命线，为确保工程质量，在编制脚手架施工方案时需要采取质量保证措施，一般需要编写的内容：严把材料质量措施；加强质量管理控制措施；严格施工操作措施；规范施工技术资料管理措施。

（6）脚手架工程安全管理与日常维护

在施工过程中，要始终坚持安全方针，认真做好脚手架工程的安全管理与日常维护。

（7）脚手架工程应急预案

脚手架工程应采取预防措施及救援方案，提高整个项目部对事故的整体应急能力，确保发生意外事故时能有序指挥，有效保护员工的生命、企业财产的安全，保护生态环境和资源，把事故损失及危害降低到最低程度。

脚手架施工方案内容

2 脚手架工程基本知识

脚手架工程是目前建筑施工中常用堆放材料和工人进行操作的临时设施。具体地说，脚手架是建筑人员进行砌筑砖墙、浇筑混凝土、墙面的抹灰、装饰和粉刷、结构构件的安装等，在其近旁搭设的、在其上进行施工操作、堆放施工用料和必要时的短距离水平运输的平台。因此，脚手架工程应用的面广、量大，难度也随着高度而加大，脚手架工程的安全性、适应性、经济性显得尤为重要，也是建筑施工企业和技术人员特别关注的内容。

2.1 脚手架的分类及组成

2.1.1 脚手架分类

脚手架的种类和名称有很多，按所用的材料分：竹木脚手架和金属脚手架。按与建筑物的位置关系分：外脚手架、里脚手架。按其结构形式分：立杆式（碗扣式、扣件式、插销式等）、门式、附着升降式及悬吊式（图 2-1）。按搭设的立杆排数分：单排架、双排架和满堂架。按脚手架底部支撑情况可分：落地架和悬挑架。按搭设用途分：砌筑架、装修架。根据《建筑业 10 项新技术（2017 版）》，模板及脚手架新技术有以下几项：

（1）销键型脚手架及支撑；

（2）集成附着式升降脚手架技术；

（3）电动桥式脚手架技术；

（4）智能液压爬升模板技术；

（5）智能整体顶升平台技术；

（6）管廊模板技术；

（7）3D 打印装饰造型模板技术。

本章节仅介绍扣件式钢管脚手架工程。

扣件式钢管脚手架是目前房屋建筑工程广泛应用的一种多立杆式脚手架，其不仅可用作外脚手架，还可用作里脚手架、满堂脚手架、支模架、栈桥等。具有装拆方便、搭设灵活、承载力大、搭设高度高、坚固耐用、周转次数多和加工简单、一次投资费用低等优点。同时也存在扣件易丢失、螺栓上紧程度差异大、节点在力作用线间有偏心或交汇距离远等缺点。

材料分类

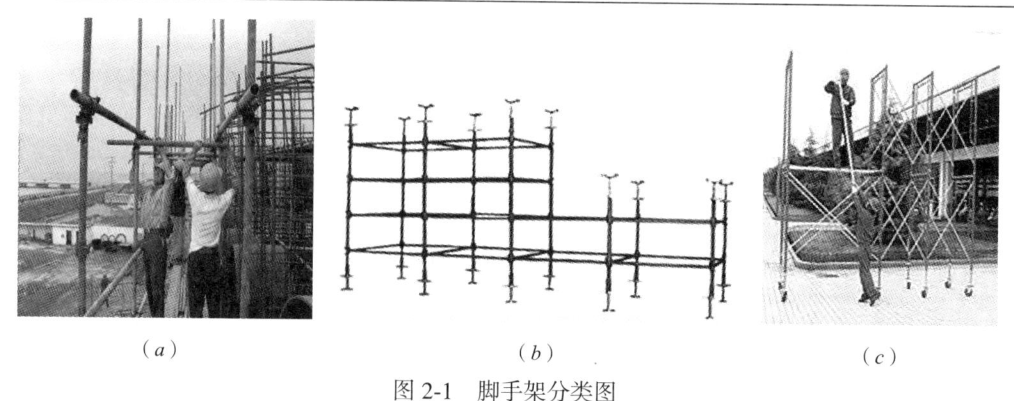

（a）　　（b）　　（c）

图 2-1　脚手架分类图

（a）扣件式脚手架;（b）碗扣式脚手架;（c）门式脚手架

2.1.2　扣件式脚手架组成

落地式杆件组成

脚手架从结构组成来看，就是由钢管、扣件和底座组成的纵横向具有一定尺寸的钢框架。钢管在钢框架中不同位置习惯上有不同的名称，如立杆，见图 2-2。为满足基本的使用和安全要求，钢管相互位置之间的尺寸称为构造尺寸。

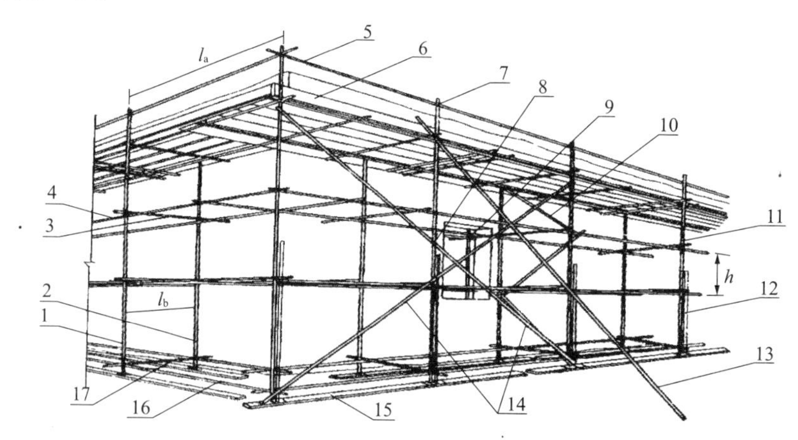

图 2-2　双排扣件式钢管脚手架各杆件位置

1—外立杆; 2—里立杆; 3—横向水平杆; 4—纵向水平杆; 5—栏杆; 6—挡脚板; 7—直角扣件; 8—旋转扣件; 9—连墙件; 10—横向斜撑; 11—主立杆; 12—副立杆; 13—抛撑; 14—剪刀撑; 15—垫板; 16—纵向扫地杆; 17—横向扫地杆

l_a—纵距; l_b—横距; h—步距

1. 立杆

在钢框架中，垂直于地面与建筑物高度一致的杆件称为立杆。立杆是脚手架中重要的竖向受力杆件，如图 2-2 所示的杆 1、杆 2。脚手架纵向相邻立杆之间轴线距离称为纵距，用 l_a 表示，横向相邻立杆之间的轴线距离称为横距，用 l_b 表示。

2. 横向水平杆

在脚手架中，垂直于立杆，平行地面沿着脚手架横向的杆件称为横向水平杆，俗称

"小横杆"，如图 2-2 所示的杆 3。横向水平杆是脚手架中重要的水平方向受力杆件之一。

3. 纵向水平杆

在脚手架中，垂直于立杆，平行地面沿着脚手架纵向的杆件称为纵向水平杆，俗称"大横杆"，如图 2-2 所示的杆 4。相邻纵向水平杆或横向水平杆竖向之间的轴线距离称为步距，用 h 表示。纵向水平杆是脚手架中重要的水平方向受力杆件之一。

4. 连墙件

保证脚手架临时设施的稳定性，将脚手架架体与主体结构连接，能够传递拉力和压力的构件称为连墙件。连墙件的布置方式常见的有两步两跨、两步三跨等。

5. 扣件

扣件是脚手架钢框架纵横向、斜向钢管的交叉点紧固件，采用螺栓紧固的扣件连接件。分为：直角扣件、回转扣件、对接扣件。

悬挑架组成

6. 底座

落地脚手架立杆底部应设底座，底座下的地基应平整坚实。底座分为固定底座和可调底座。

7. 剪刀撑

在脚手架的外侧沿着脚手架的纵向成对出现的交叉斜杆称为剪刀撑。其作用是提高脚手架的刚度，增加稳定性。

8. 横向斜撑

双排脚手架中，内、外立杆或水平杆斜交呈之字形的斜杆称为横向斜撑。作用同剪刀撑。剪刀撑是沿着脚手架的纵向设置，横向斜撑是沿着脚手架横向设置。

9. 其他构配件

其他构配件有栏杆、挡脚杆（挡脚板）、安全网、斜道、卸料平台等。

2.2 脚手架设计

脚手架工程的设计，是属于先假设模型再验算其安全性的验证型设计，即假设脚手架工程的构配件类型和杆件间尺寸。下面分别介绍脚手架工程构配件设计和尺寸设计。

2.2.1 脚手架构配件设计

脚手架设计首先根据项目所在地的特点选用构配件。脚手架工程是安装工程，构成脚手架工程的构配件主要是定型化生产。主要的构配件有钢管、扣件、脚手板、可调托撑和悬挑脚手架用型钢等。

1. 钢管

脚手架钢管是扣件式钢管脚手架的主要材料。脚手架的承载能力由稳定条件控制，采用高强度钢材既不能发挥其强度也不经济。钢管材料应采用现行国家标准规定的 Q235 普通钢管，钢管的钢材质量应符合现行国家标准《碳素结构钢》GB/T 700 中的 Q235 级钢的规定。

钢管尺寸宜采用为 48.3×3.6 电焊管《建筑施工扣件式钢管脚手架安全技术规范》JGJ 130—2011 其特性见表 2-1。为确保施工安全，运输方便，一般情况下限制钢管的长度和重量，每根最大质量不应大于 25.8kg，横向水平杆最大长度不超过 2.2m，其他杆件最大长度不超过 6.5m。

特殊情况下（如不同地区）也可以采用其他规格的钢管，但实际搭设的钢管不能小于设计计算采用的尺寸。

钢管截面几何特性表 表 2–1

外径 Φ，d	壁厚 t	截面积 A（cm^2）	惯性矩 I（cm^4）	截面模量 W（cm^3）	回转半径 i（cm）	每米长质量（kg/m）
（mm）						
48.3	3.6	5.06	12.71	5.26	1.59	3.97

注:《建筑施工扣件式钢管脚手架安全技术规范》JGJ 130—2011。

2. 扣件

扣件是脚手架中连接钢管的配件，数量大，最容易丢失。一般用可锻铸铁或铸钢制作，质量和性能符合《钢管脚手架扣件》GB 15831 规定。分为：直角扣件、回转扣件、对接扣件（图 2-3）。

杆件连接

扣件的质量要求：扣件在螺栓拧紧力矩达到 65kN·m 时，不得发生破坏。

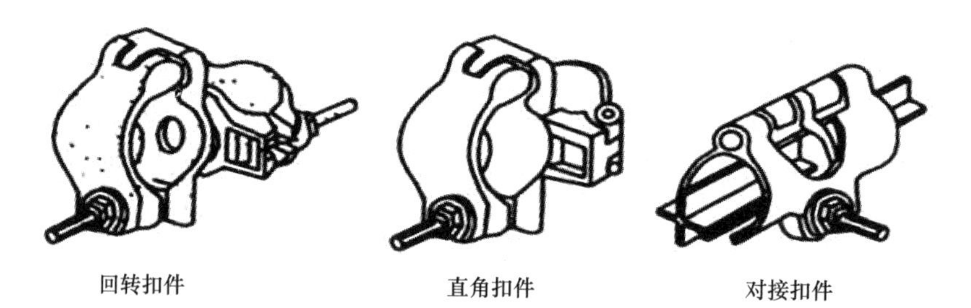

图 2-3 三种扣件图

3. 脚手板

脚手板是搭设在脚手架作业层上形成操作平台的配件。脚手板可选用钢、木、竹脚手板。为便于现场搬运和使用安全，单块脚手板的质量不宜大于 30kg。

一般根据就地取材满足使用要求原则，南方常选用竹芭、竹串片脚手板，北方多选用冲压钢脚手板。各种脚手板自重标准值表见表 2-2。

现阶段采用钢丝网脚手板的在增多，一是成本节约，二是可以回收利用，现场垃圾减少。

脚手板自重标准值表　　表 2-2

类别	标准值（kN/m²）
冲压钢脚手板	0.30
竹串片脚手板	0.35
木脚手板	0.35
竹芭脚手板	0.10

4. 可调托撑

可调托撑是满堂支撑架直接传递荷载的主要构件。螺杆外径不小于 36mm，螺杆与支托板焊接牢固，焊缝高度不小于 6mm，螺杆与螺母（厚度不小于 30mm）旋合不少于 5 扣。可调托撑抗压性能实验结论：可调托撑受压承载力设计值不应小于 40kN，支托板厚不应小于 5mm。

5. 悬挑脚手架用型钢

悬挑脚手架用型钢是高层建筑采用分段脚手架设计时，悬挑段脚手架主要受力构件。选材包括悬挑脚手架型钢、用于固定型钢悬挑梁的 U 形钢筋拉环或锚固螺栓及悬挑用附件。

（1）型钢悬挑梁

型钢悬挑梁的材质选用应符合现行国家标准的《碳素结构钢》GB/T 700 或《低含金高强度结构》GB/T 1591 中的规定。其中工字钢最为常见，工字钢结构性能可靠，受力稳定性好，较其他型钢选购、设计、施工更方便。钢梁的截面高度不应小于 160mm，如 I32a。悬挑钢梁悬挑长度一般不超过 2m，局部不宜超过 3m。大悬挑需要专门设计。

（2）锚固型钢用的 U 形钢筋拉环或螺栓

型钢的钢筋拉环或螺栓应采用合格的 HPB300 钢筋且冷弯成型，即符合现行国家标准《钢筋混凝土用钢　第 I 部分：热轧光圆钢筋》GB 1499.11—2017 中的 HPB300 级钢筋的规定。直径不宜小于 16mm。

（3）悬挑用附件

悬挑用附件包含固定 U 形钢筋拉环、悬挑梁的楔块和每个型钢悬挑梁的钢丝绳等。U 形钢筋拉环、锚固螺栓与型钢间隙应用钢楔或硬木楔楔紧。

拉结用的钢丝绳、钢拉杆及与建筑结构拉结的吊环。如果选用钢丝绳，其直径不应小于 14mm，钢丝绳卡不得小于 3 个。吊环应使用 HPB 级钢筋，其直径不宜小于 20mm。

当型钢悬挑梁与建筑结构采用螺栓钢压板连接固定时，钢压板尺寸不应小于 100mm×10mm（宽 × 厚）；当采用螺栓角钢压板连接时，角钢的规格不应小于 63mm×63mm×6mm。

6. 落地脚手架的底座

落地脚手架立杆底部应设底座，底座下的地基应平整坚实。底座分为固定底座和可调底座。金属底座可以定型采购或现场加工。立杆底部应插入金属底座并设置垫木，在立杆底端 100 ～ 300mm 处设置一道扫地杆，垫木可以是型钢、硬枕木等，尺寸需要预先设定，如图 2-4 所示。

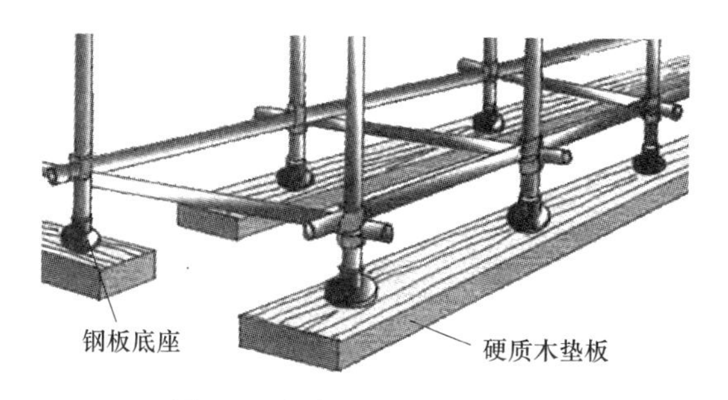

图 2-4　钢管脚手架的接地图

7. 栏杆、挡脚板

在脚手架的作业层需设置栏杆和挡脚杆，以保证作业人员的安全。栏杆一般采用项目中同一类型钢管，挡脚板一般与脚手板材料相同。栏杆、挡脚板自重标准值表见表 2-3。

栏杆、挡脚板自重标准值　　表 2–3

类别	标准值（kN/m^2）
栏杆、冲压钢脚手板挡板	0.16
栏杆、竹串片脚手板挡板	0.17
栏杆、木脚手板挡板	0.17

8. 安全网

安全网是吊挂在外脚手架外侧，防止高处坠物的安全设施。安全网应选密目式，自重标准值不应低于 0.01kN/m^2（图 2-5）。

图 2-5　脚手架作业层

9. 连墙件

连墙件是将脚手架架体与建筑主体结构连接，能够传递拉力和压力的构件。连接方式有刚性连接和柔性连接。刚性连接有钢管扣件连接和焊接。钢管扣件连接材料同一项目为同规格钢管，焊接需要确定预埋钢筋的直径。

2.2.2 脚手架尺寸设计

脚手架材料选定后，唯一可以改变的是脚手架杆件间的间距，也就是脚手架尺寸的确定。尺寸设计包括脚手架杆件纵向、横向、竖向之间间距及脚手架体的总长、总宽、总高。脚手架满足规范规定的构造要求是设计计算的基本条件。

纵距

横距

步距

连墙件

高度及作业层

1. **脚手架高度设计**

根据规范要求，双排脚手架落地高度不宜超过 50m，单排不应超过 24m。如果建筑物高度较大，可以设置分段脚手架。分段脚手架一次悬挑不宜超过 20m。

顶层一段架体的高度应考虑高出女儿墙 1m，高出檐口上端 1.5m。

2. **作业层高度设计**

在一段架体内可以根据使用要求和建筑物层高分成若干作业层，即步距 *h*。常见的步距尺寸可选 1.5m、1.8m 等。单、双排脚手架底层步距不应大于 2m。为方便施工，作业层一般设置在建筑物楼层附近，高出或低于楼面标高 20 ～ 30cm 处。每个作业层均需要设置栏杆、挡脚板，上栏杆上皮高度应为 1.2m，挡脚板高度不应小于 180mm，中栏杆居中设置。

3. **水平向杆件间距设计**

脚手架水平方向的杆件间距包括横距和纵距。双排脚手架的横距考虑到操作人员作业的需要，一般要求≥ 0.8m。也可根据具体情况选择，常见的尺寸有 0.9m、1.05m、1.2m。考虑脚手架刚度的需要，纵距要求≥ 1.20m，也考虑选择 1.5m、1.8m 等。纵横向水平杆的位置根据选择脚手板不同而确定。如南方常选择竹芭脚手板，纵向水平杆在横向水平杆上面；如北方常使用钢脚手板，则横向水平杆在纵向水平杆的上面。

4. **连墙件设计**

连墙件的设置先按规范要求（见表 2-4）设置三步三跨或二步二跨，验证计算后再调整。

连墙件布置最大间距 表 2-4

搭设方法	高度	竖向间距（h）	水平间距（l_a）	每根连墙件覆盖面积（m^2）
双排落地	≤ 50m	$3h$	$3l_a$	≤ 40
双排悬挑	＞ 50m	$2h$	$3l_a$	≤ 27
单排	≤ 24m	$3h$	$3l_a$	≤ 40

2.3 脚手架模型验证

根据规范和实际情况假设的脚手架钢框架模型是否满足安全要求，应进行计算验证。应用软件和 BIM 软件都能快速进行验证，并提示不合格内容。这里主要介绍脚手架计算的原理、内容和方法。

2.3.1 脚手架验证规定

1. 设计方法

脚手架计算是采用概率极限状态设计方法，用分项系数设计表达式进行承载能力设计。脚手架中的受弯构件，还需根据正常使用极限状态的要求验算变形。符合现行国家标准《冷弯薄壁型钢结构技术规范》GB 50018 和《钢结构设计标准》GB 50017。荷载分项系数按国家标准《建筑结构荷载规范》GB 5009 采用。

2. 计算内容

脚手架钢框架的受力如同常见的框架结构，有水平受力构件和竖向受力构件组成。以大横杆在上为例，荷载传递路径是各个作业层脚手板—大横杆—小横杆—扣件—立杆—底座（地基土或型钢）。

荷载传递

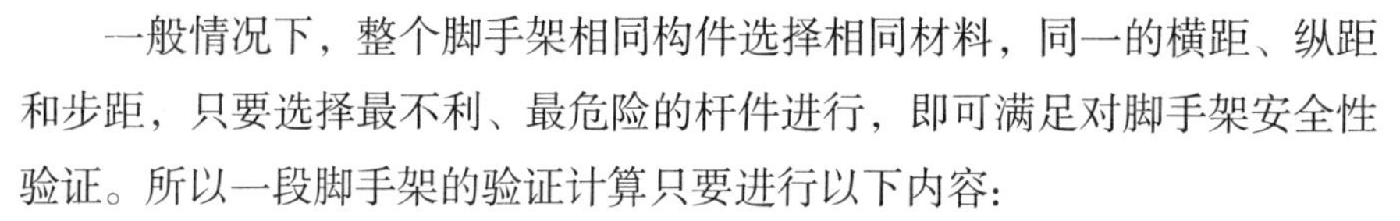

一般情况下，整个脚手架相同构件选择相同材料，同一的横距、纵距和步距，只要选择最不利、最危险的杆件进行，即可满足对脚手架安全性验证。所以一段脚手架的验证计算只要进行以下内容：

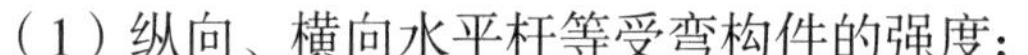

（1）纵向、横向水平杆等受弯构件的强度；

（2）连接扣件的抗滑承载力计算；

（3）立杆的稳定性计算；

（4）连墙件的强度、稳定性和连接强度计算；

（5）立杆地基（或型钢）承载力计算。

立杆荷载传递

3. 荷载分项系数

计算构件的强度、稳定性与连接强度时，采用荷载效应基本组合设计值。永久荷载分项系数取 1.2，可变荷载分项系数取 1.4。

脚手架受弯构件验算变形时，采用荷载效应的标准组合设计值，各类分项系数均取 1.0。

验算内容

4. 材料设计强度（表 2–5 ～表 2–8）

钢管钢材的强度设计值与弹性模量（N/mm^2） 表 2–5

Q235 钢抗拉、抗压和抗弯强度设计值 f	205
弹性模量 E	2.06×10^5

扣件、底座、可调托撑的承载力设计值（kN） 表 2-6

项目	承载力设计值
对接扣件（抗滑）	3.20
直接扣件、旋转扣件（抗滑）	8.00
底座、可调托撑（受压）	40.00

受弯构件的挠度容许值 表 2-7

构件类别	容许挠度［v］
脚手板，脚手架纵向、横向水平杆	l/150 与 10mm
脚手架悬挑受弯构件	l/400
型钢悬挑脚手架悬挑钢梁	l/250

受压、受拉构件的容长细比 表 2-8

构件类别		容许长细比［λ］
立杆	双排架，满堂支撑架	210
	单排架	230
	满堂脚手架	250
横向斜撑、剪刀撑中的压杆		250
拉杆		350

2.3.2 落地脚手架设计计算

按照《建筑施工扣件式钢管脚手架安全技术规范》JGJ 130—2011 要求，落地式脚手架在计算时应该包括以下内容:

（1）纵向和横向水平杆（大小横杆）等受弯构件的强度计算;

（2）扣件的抗滑承载力计算;

（3）立杆的稳定性计算;

（4）连墙件的强度、稳定性和连接强度的计算;

（5）立杆的地基承载力计算。

计算强度和稳定性时，要考虑荷载效应组合，永久荷载分项系数取 1.2，可变荷载分项系数为 1.4。

1. 纵向和横向水平杆（大小横杆）的计算

（1）大小横杆的强度计算要满足:

$$\sigma = \frac{M}{W} \leqslant f \tag{2-1}$$

式中 σ——弯矩正应力;

M——弯矩设计值，包括脚手板自重荷载产生的弯矩和施工活荷载的弯矩;

W——钢管的截面模量；

f——钢管抗弯强度设计值，取 205N/mm^2。

大小横杆的水平弯矩设计值，应按下式计算：

$$M = 1.2M_{GK} + 1.4\Sigma M_{QK} \tag{2-2}$$

式中　M_{GK}——脚手架自重产生的弯矩标准值（kN · m）；

M_{QK}——施工荷载产生的弯矩标准值（kN · m）

大小横杆的挠度计算要满足：

$$v_{max} \leqslant [v] \tag{2-3}$$

容许挠度 [v] 按照规范要求小于 l /150 或 10mm。

（2）以图 2-6 为例，纵向水平杆（大横杆）在上，横向水平杆（小横杆）上纵向水平杆（大横杆）增设两根，大横杆按照三跨连续梁进行强度和挠度计算。以大横杆上面的脚手板荷载和施工活荷载作为均布荷载计算大横杆的最大弯矩和变形。

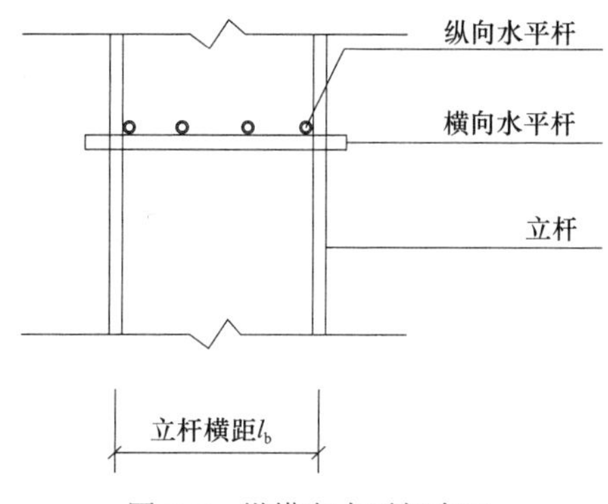

图 2-6　纵横向水平杆布置

步骤一：先分析大横杆受力情况：

承载能力极限状态

$$q = 1.2\times（G_{1k} + G_{kjb}\times l_b/（n + 1））+ 1.4\times G_k\times l_b/（n + 1） \tag{2-4}$$

正常使用极限状态

$$q' =（G_{1k} + G_{kjb}\times l_b/（n + 1）） \tag{2-5}$$

式中　q——大横杆所受荷载设计值；

q'——大横杆所受荷载标准值；

G_{1k}——大横杆自重标准值；

G_{kjb}——脚手板自重；

l_b——立杆横距；

n——横向水平杆上纵向水平杆根数。

步骤二：根据大横杆受力分析简图（见图 2-7），验算其强度与挠度：

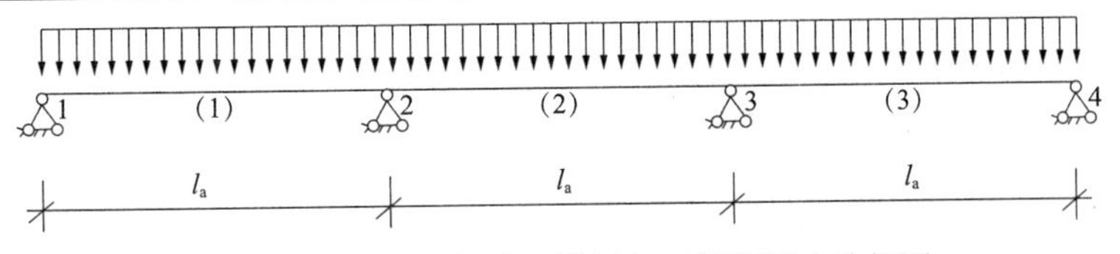

图 2-7 纵向水平杆（大横杆）三等跨受力分析图

最大弯矩位于第 2，3 支座：$M_{max} = M_{2支} = 0.1ql_a^2$ （2-6）

弯矩正应力需满足 $$\sigma = \frac{M_{max}}{W} \leqslant f = 205N/mm^2$$ （2-7）

最大挠度位于第 2 跨中： $$V_{max} = 0.677 \times \frac{q'l_a^4}{100EI}$$ （2-8）

容许挠度应满足 $$v_{max} \leqslant [v] = \min[l_a/150, 10]$$ （2-9）

式中 l_a——立杆纵距

W——钢管截面抵抗矩；

E——钢管弹性模量，取 206000N/mm²；

I——钢管截面惯性矩。

（3）横向水平（小横杆）按照简支梁进行强度和挠度计算，大横杆在小横杆的上面，如图 2-8 所示。

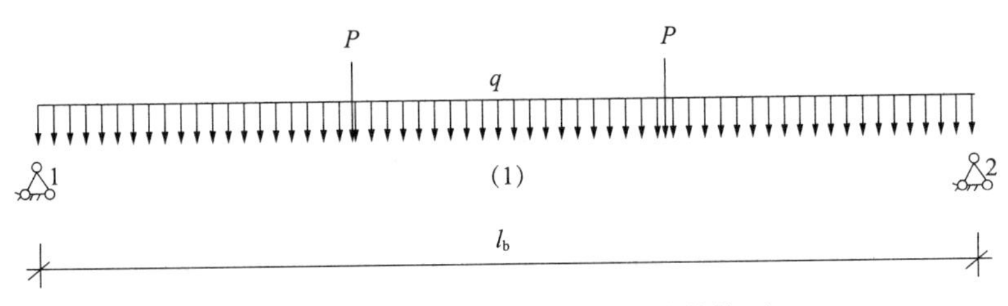

图 2-8 横向水平杆（小横杆）计算简图

图 2-8 中，P 为大横杆支座的最大反力计算值，在最不利荷载布置下计算小横杆的最大弯矩和变形，q 为小横杆的自重标准值。强度与挠度验算公式可以参考大横杆的计算过程，需注意简支梁计算模型与三等跨连续梁计算模型中，弯矩系数与挠度系数的不同。

2. 扣件的计算

纵向或横向水平杆与立杆连接时，扣件的抗滑承载力按照式（2-10）计算：

$$R \leqslant R_C$$ （2-10）

式中 R——水平杆传给立杆的竖向作用力设计值；

R_C——扣件抗滑承载力设计值，单扣件为 8kN，双扣件为 12kN。

3. 立杆的稳定性计算

作用于脚手架的荷载包括静荷载、活荷载和风荷载。静荷载标准值包括以下内容的组合：

（1）每米立杆承受的结构自重标准值（kN/m）；

（2）脚手板的自重标准值，规范中一般给出冲压钢脚手板、竹串片脚手板和木脚手

板的标准值;

（3）栏杆与挡脚手板自重标准值，规范中一般给出了栏杆冲压钢脚手板、栏杆竹串片脚手挡板和栏杆木脚手挡板的标准值;

（4）吊挂的安全设施荷载，包括安全网（kN/m），按实际值取用。

活荷载为施工荷载标准值产生的轴向力总和，内、外立杆按一纵距内施工荷载总和的 1/2 取值。

在进行立杆强度与挠度验算前，需先进行长细比验算:

$$\lambda = \frac{l_0}{i} \leqslant 210 \tag{2-11}$$

$$l_0 = \mathrm{k}\mu h \tag{2-12}$$

式中 l_0——立杆计算长度系数;

i——立杆截面回转半径;

k——立杆计算长度附加系数;

μ——考虑单、双排脚手架整体稳定因素的单杆计算长度系数，可查询规范《建筑施工扣件式钢管脚手架安全技术规范》JGJ 130—2011 中表 5.2.8 ;

H——步距;

再进行荷载与强度验算:

风荷载标准值应按照以下公式计算:

$$w_{\mathrm{K}} = 0.7\mu_{\mathrm{Z}} \cdot \mu_{\mathrm{S}} \cdot w_0 \tag{2-13}$$

式中 w_0——基本风压（$\mathrm{kN/m^2}$），按《建筑结构荷载规范》GB 50009 规定取用;

μ_{Z}——风压高度变化系数，按《建筑结构荷载规范》GB 50009 规定取用;

μ_{S}——脚手架风荷载体型系数，按《建筑结构荷载规范》GB 50009 规定取值并计算。

考虑风荷载时，立杆的轴向压力设计值计算公式:

$$N = 1.2N_{\mathrm{GK}} + 0.9 \times 1.4N_{\mathrm{QK}} \tag{2-14}$$

不考虑风荷载时，立杆的轴向压力设计值计算公式:

$$N = 1.2N_{\mathrm{GK}} + 1.4N_{\mathrm{QK}} \tag{2-15}$$

不考虑风荷载时，立杆的稳定性计算公式:

$$\sigma = \frac{N}{\varphi \cdot A} \leqslant f \tag{2-16}$$

考虑风荷载时，立杆的稳定性计算公式:

$$\sigma = \frac{N}{\varphi \cdot A} + \frac{M_{\mathrm{W}}}{W} \leqslant f \tag{2-17}$$

式中 N——立杆的轴心压力设计值（kN）;

N_{GK}——静荷载标准值（kN）;

N_{QK}——施工活荷载标准值（kN）;

φ——轴心受压立杆的稳定系数，由长细比 $\lambda = l_0/i$ 的结果查表得到；

i——计算立杆的截面回转半径；

l_0——计算长度，由 $l_0 = k \cdot \mu \cdot h$ 确定；

k——计算长度附加系数，取值为 1.155 ；

μ——计算长度系数，由脚手架的高度确定；

h——脚手架高度；

A——立杆净截面面积；

W——立杆净截面模量（抵抗矩）；

M_W——计算立杆段由风荷载设计值产生的弯矩；

σ——钢管立杆受压强度计算值；

f——钢管立杆抗压强度设计值。

4. 连墙件的计算

连墙件的轴向力计算值应按照下式计算：

$$N_l = N_{lW} + N_0 \tag{2-18}$$

式中 N_l——连墙件轴向力设计值；

N_{lW}——风荷载产生的连墙件轴向力设计值，$N_{lW} = 1.4 w_K A_W$ ；

w_K——风荷载基本风压标准值；

A_W——每个连墙件的覆盖面积内脚手架外侧面的迎风面积；

N_0——连墙件约束脚手架平面外变形所产生的轴向力，双排架取 3.0kN ；

连墙件轴向力设计值 $N_f = \varphi \cdot A \cdot f$，连墙件如果采用扣件与墙体连接，要计算扣件的抗滑力；连墙件如果采用焊接方式与墙体连接，要计算焊缝的强度。

5. 立杆地基承载力验算

立杆基础底面的平均压力应满足下式的要求：

$$P_k = N_k/A \leqslant f_g \tag{2-19}$$

式中 P_k——立杆基础底面处的平均压力标准值（kPa）；

N_k——上部结构传至立杆基础顶面的轴向力标准值（kN）；

A——基础底面面积（m^2）；

f_g——地基承载力特征值（kPa）。应按《建筑施工扣件式钢管脚手架安全技术规范》JGJ 130—2011 规范第 5.5.2 条规定采用。

2.3.3 悬挑式钢管脚手架设计计算

采用扣件式钢管脚手架，按照规范要求，悬挑式脚手架设计计算应该包括以下内容：

（1）纵向和横向水平杆（大小横杆）等受弯构件的强度计算；

（2）扣件的抗滑承载力计算；

（3）立杆的稳定性计算；

（4）连墙件的强度、稳定性和连接强度的计算；

（5）悬挑主梁和连梁的强度计算和按照《钢结构设计规范》GB 50017—2017 整体稳定性计算；

（6）锚固段与楼板连接处压环、螺栓和楼板局部受压计算；

（7）钢丝拉绳或斜支杆的强度计算（可选）。

其中（1）、（2）、（3）、（4）的计算与落地式钢管脚手架完全相同。

型钢悬挑脚手架设计计算

悬挑脚手架作用于型钢悬挑梁上的立杆的轴向力设计值，应根据悬挑脚手架分段搭设高度按上节落地式脚手架设计计算。

本文用常见的斜拉式结构悬挑脚手架来介绍型钢悬挑梁的强度验算，斜拉式结构悬挑脚手架构造如图 2-9 所示。

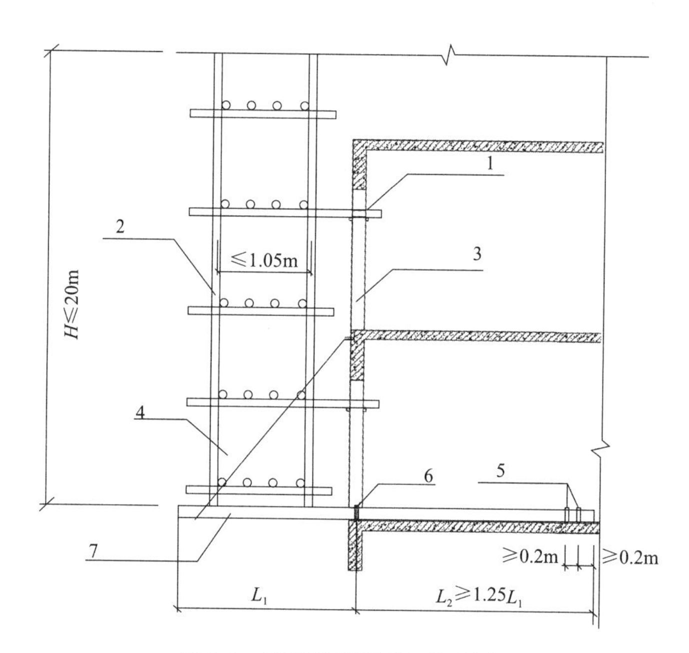

图 2-9　型钢悬挑脚手架构造图

1—连墙件；2—脚手架；3—墙；4—钢丝绳或刚拉杆；5—内锚固点；6—外锚固点；7—悬挑型钢

在《建筑施工扣件式钢管脚手架安全技术规范》JGJ 130—2011 规范第 6.10.4 条中规定，钢丝绳、钢拉杆不参与悬挑钢梁受力计算，所以通常情况下在进行型钢悬挑受力分析时如图 2-10 所示。

N——悬挑脚手架立杆的轴向力设计值；

L_c——型钢悬挑梁锚固点中心至建筑楼层板边支承点的距离；

L_{c1}——型钢悬挑梁悬挑端面至建筑结构楼层板边支承点的距离；

L_{c2}——脚手架外立杆至建筑结构楼层板边支承点的距离；

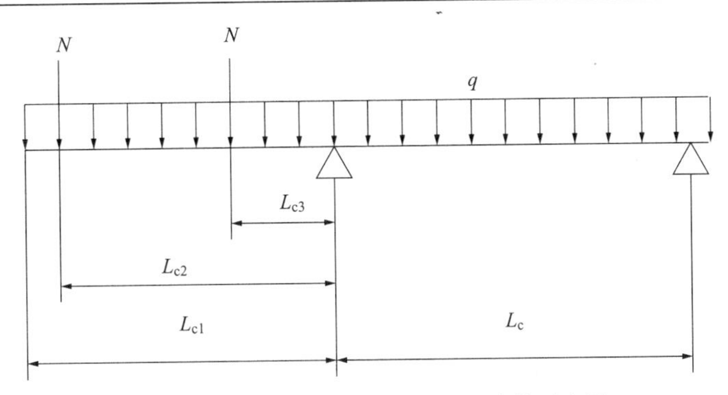

图 2-10　悬挑脚手架型钢悬挑梁计算示意图

L_{c3}——脚手架内立杆至建筑结构楼层板边支承点的距离；

q——型钢梁自重线荷载标准值。

同时需要注意的是，根据图 2-9 型钢悬挑脚手架构造图的要求，内锚固距离 L_2 要大于等于外悬挑长度 L_1 的 1.25 倍，但是该图中未对内锚固点至末端做硬性要求，仅要求大于等于 200mm，所以在受力分析时，内锚固距离一般考虑采用图 2-10 中的 L_c，要求 $L_c \geqslant 1.25L_{c1}$。

（1）强度验算

工字钢强度验算公式：

$$\sigma = \frac{M_{max}}{\gamma_X W_X} \leqslant f \tag{2-20}$$

式中　M_{max}——挑梁的最大设计弯矩；

γ_X——截面发展系数；

W_X——对 x 轴的净截面抵抗矩；

f——型钢的抗弯强度设计值。

（2）整体稳定性验算

根据钢结构设计规范规定，轧制普通工字钢受弯要考虑整体稳定性问题。验算公式：

$$\sigma = \frac{M_{max}}{\varphi_b W_X} \leqslant f \tag{2-21}$$

式中　φ_b——均匀弯曲的受弯构建整体稳定系数，按下式计算

$\varphi_b = \frac{570tb}{lh} \times \frac{235}{f_y}$，当 $\varphi_b > 0.6$ 时，应用 φ'_b 代替 φ_b，$\varphi'_b = 1.07 - 0.282/\varphi_b$。

2.3.4　扣件式脚手架计算实例（节选）

某工程，由于建筑物外形较为复杂，且平面多为弧线组成，对外脚手架的形式和搭设提出了较高的要求。鉴于此，为确保本工程的工期要求及质量、安全文明施工，针对本工程的特点，施工用外脚手架地下部分采用落地式双排扣件式钢管外脚手架，地上部分 1 ～ 3 层采用落地式双排扣件式钢管外脚手架，4 层以上采用悬挑式钢管外脚手架。

1. 分段设计

（1）地下室部分

本工程设置两层地下室，深 8.200m，施工用外脚手架地下部分拟采用落地式双排扣件式钢管外脚手架。鉴于现场外墙离土钉墙距离近，有些地方无法设置外脚手架，有些地方仅能设置单排外脚手架，故在底部距离在 800mm 以上的设置双排脚手架，底部距离不足 800mm 的，设置成单排脚手架形式，钢管直接落在底板垫层上。

（2）地上 1 ～ 3 层部分

本工程裙房为 3 层，高度较小，为便于施工，采用落地式全封闭双排脚手架，地下室结构完成后，进行裙房外脚手架的搭设。因出 ±0.000 后结构除 X1/Y1 ～ Y5 轴线处及车道转弯处外，结构均向内收缩 2.950 m以上，裙房高度 15.000m，外脚手架可以一次性到顶。故除 X1/Y1 ～ Y5 轴线处及车道转弯处外，外脚手架均可以搭设在地下一层顶板上。

由于现场短期内无法完成地下防水工程施工及土方回填工程施工，故在 1/Y1 ～ Y5 轴线处及车道转弯处采用悬挑式双排扣件式钢管外脚手架。

（3）4 层以上部分

本工程结构 4 层以上采用悬挑式双排扣件式钢管外脚手架，即钢丝绳张拉式。均为每 4 层一悬挑，悬挑外脚手架超过施工层面 1.800m。钢管落在预埋的工字钢上。

（4）特殊位置部分

本处所指特殊部位为办公楼 D 楼与酒店式写字楼 C 楼连接部分。由于在连接处设置多功能厅，对外架的总体布置有一定的影响。考虑到结构及现场实际情况，拟在此处 4 ～ 5 层结构、多功能厅部位以上办公楼及酒店式写字楼 6 ～ 7 层结构设置双排落地式脚手架。8 层结构以上与前一节所述采用悬挑式外脚手架。

2. 尺寸设计

本工程各部位所用外脚手架，其构造要求见表 2-9。

外脚手架构造要求表　　表 2-9

构造要求	双排落地式外架	双排悬挑式外架
钢管型号	ϕ48.3×3.6	ϕ48.3×3.6
立杆横距（m）	1.05	1.05
立杆纵距（m）	1.5	1.5
步距（m）	1.8	1.8
每步设置栏杆数	2	2
内立杆与墙面间距（mm）	350	250 ～ 350
刚性连接预埋件间距（m）	两步三跨	两步两跨
每步纵向水平杆加密	2 根	2 根
刚性连接（每处两道）	ϕ48.3×3.6	ϕ48.3×3.6
剪刀撑、斜撑搭接长度（mm）	500	500

续表

构造要求	双排落地式外架	双排悬挑式外架
工字钢	—	16 号工字钢
钢丝绳	—	φ14
脚手板类型	竹笆脚手板	竹笆脚手板

3. 设计及计算

（1）设计及搭设参数（图 2-11）

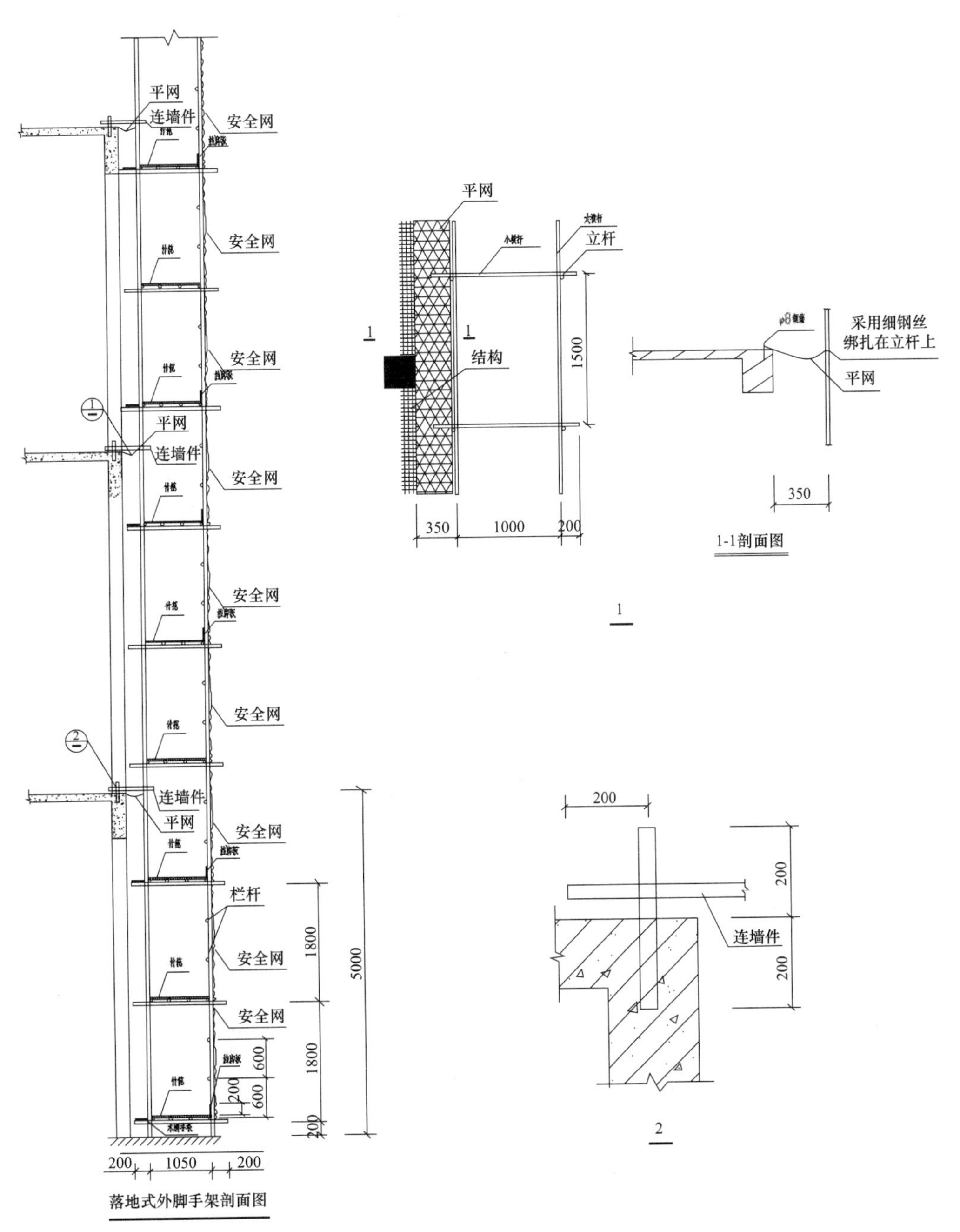

图 2-11 双排脚手架的构造图

脚手架钢管选用 φ48.3×3.6，立杆纵向间距为 1.5m，横向间距 1.05m，内立杆距外墙 0.35m，外立杆距外墙面为 1.4m，大横杆上下间距为 1.8m，小横杆长度为 1.5m。连墙件用 φ48.3×3.6 钢管与结构预埋件（φ48.3×3.6 钢管）刚性连接，横向距离为 4.5m（三跨），竖向距离为楼层层高 3.6m（二步），故连墙件设置间距为 4.5×3.6，同一位置设置两道连墙件。脚手架立杆下设支座板，采用松木方作垫块，其尺寸为 1500×250×50。

办公楼与酒店式写字楼一层面至四层面，楼层高 3×5m = 15m，悬挑架高出施工层面 1.8m，总计：15 + 1.8 = 16.8m。故使用此处脚手架进行结构强度、刚度、稳定性等验算。

有关钢管通用符号及参数：

$$l_0 = k \cdot \mu \cdot h$$

式中 l_0——计算长度；

k——计算长度附加系数，取值为 1.155；

μ——考虑脚手架整体稳定性因素的单杆长度系数，连墙件布置接近两步三跨，取值为 1.50；

h——立杆步距。

$$l_0 = k \cdot \mu \cdot h = 1.155 \times 1.5 \times 1.8 = 3..1185\text{m}$$

根据《建筑施工扣件式钢管脚手架安全技术规范》JGJ 130—2011，P66 查表 B.0.1 得：i = 1.59cm，I = 12.71cm^4，A = 5.06cm^2，W = 5.26cm^3，E = 2.06×10^{5}N/mm^2，f = 205N/mm^2。

在实际项目方案验算过程中，以上钢管力学特性要求来源于现场检测，因脚手架工作周期长，环境因素影响大，需考虑老化、锈蚀等情况。此处考虑最不利情况，以降低 10% 性能的上限进行方案验算，依据 φ48.0×3.24 钢管力学特性进行计算，则

i = 1.59cm，I = 12.71cm^4，A = 5.06cm^2，W = 5.26cm^3，E = 2.06×10^{5}N/mm^2，f = 205N/mm^2。

计算得：$\lambda = l_0/i = 3.1185 \times 10^2/1.59 = 196.13$

查《建筑施工扣件式钢管脚手架安全技术规范》JGJ 130—2011P64 表 A.0.6 得：φ = 0.188。

其中 i——钢管回转半径；I——惯性矩；A——钢管截面积；W——钢管截面模量；E——Q235；钢弹性模量；f——Q235 钢抗拉、抗压、抗弯强度设计值；λ——长细比；φ——轴心受压构件的稳定性系数，根据 λ 值进行取值。

（2）纵横向水平杆强度及挠度验算

脚手架搭设剖面如图 2-12 所示。

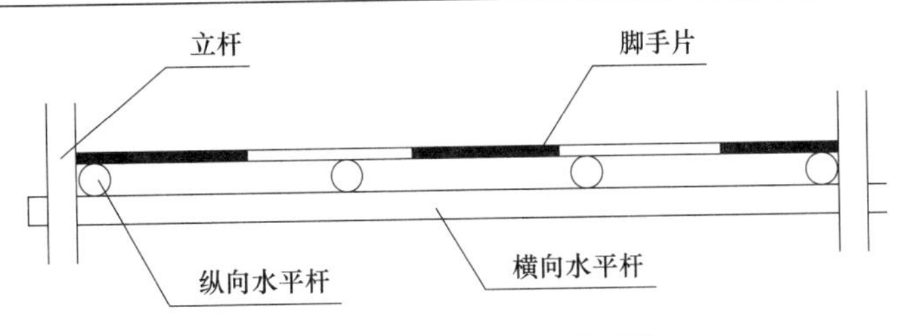

图 2-12 脚手架搭设剖面图

1）纵向水平杆强度及挠度验算

纵向水平杆（大横杆）按照三跨连续梁进行强度及挠度计算。大横杆上的脚手板荷载与施工荷载作为均布荷载进行计算，需要考虑脚手板荷载与施工荷载的最不利组合，计算简图如图 2-13 所示。

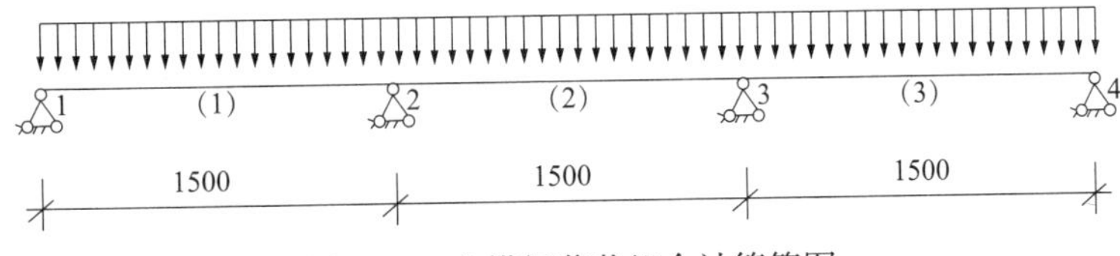

图 2-13 大横杆荷载组合计算简图

有关参数计取值：

q_1——脚手板及水平杆自重形成的均布荷载设计值；

q_2——施工荷载设计值；

M——弯矩设计值；

σ——纵横向水平杆抗弯强度；

v_{max}——纵横向水平杆挠度；

G_1——钢管自重标准值，取 0.0397kN/m；

G_2——脚手板自重标准值，本案例采用的竹笆脚手板，取 $0.1kN/m^2$；

l_a——脚手架纵距，取 1.5m；

l_b——脚手架横距，取 1.05m。

① 均布荷载值计算

大横杆与脚手架板的自重标准值：

$$q_1 = G_1 + \frac{l_b G_2}{3} = 0.0397 + \frac{1.05 \times 0.1}{3} = 0.0747\ \text{kN/m};$$

本架体做结构施工用脚手架，故施工荷载标准值取 $3.0kN/m^2$；

大横杆荷载组合相应下所受均布荷载设计值：

$$q = 1.2 \times 0.0747 + 1.4 \times 3 \times 1.05/3 = 1.56\text{kN/m}$$

② 强度计算

根据图 2-13 大横杆荷载组合计算简图分析：

$$M_{max} = M_{2支} = 0.1 q l_a = 0.1 \times 1.56 \times 1.5 = 0.234\text{kN} \cdot \text{m}$$

$\sigma = \gamma_0 M_{max}/W = 1.0 \times 0.234 \times 10^6/4.78 \times 10^3 = 48.95\text{N/mm}^2 \leqslant f = 205\text{N/mm}^2$

结论：强度满足要求。

③ 挠度计算

如图 2-13 所示荷载组合，跨中最大挠度为：

$$\begin{aligned} v_{max} &= 0.677q'l_a^4/(100EI) \\ &= 0.677 \times 0.0747 \times 1500^4/100 \times 2.06 \times 10^5 \times 11.47 \times 10^4 \\ &= 0.11\text{mm} \leqslant [v] = \min[l_a/150, 10] = 10\text{mm} \end{aligned}$$

因此，纵向水平杆满足施工要求。

2）横向水平杆强度及挠度计算

由于施工过程中主要荷载都在立杆内部，横向水平杆（小横杆）按照简支梁进行强度和挠度计算，计算简图如图 2-14 所示。

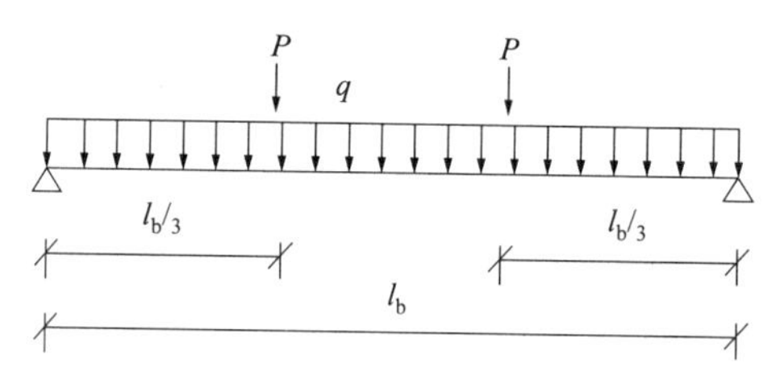

图 2-14　小横杆计算简图

小横杆所承受的力主要来自纵向水平杆（大横杆）以及加密大横杆，再加上脚手板的重量以及全部施工荷载。

① 荷载值计算

P 为纵向水平杆（大横杆）传递至横向水平杆（小横杆）的荷载，荷载值可以参考图 2-13 大横杆荷载组合计算简图中内侧支座的支座反力。

承载能力极限状态：

$$P = R_{max} = 1.1ql_a = 1.1 \times 1.56 \times 1.5 = 2.574\text{kN};$$

正常使用极限状态

$$P' = R'_{max} = 1.1q_1 l_a = 1.1 \times 0.0747 \times 1.5 = 0.123\text{kN};$$

小横杆自重荷载标准值 $q_k = 0.0397\text{kN/m}$；

小横杆自重荷载设计值 $q = 1.2 \times 0.0397 = 0.0476\text{kN/m}$；

② 强度计算

跨中最大弯矩

$$M = ql_b^2/8 + pl_b/3 = 0.04764 \times 1.05^2/8 + 2.574 \times 1.05/3 = 0.907\text{kN} \cdot \text{m}$$

$$\sigma = M/W = 0.907 \times 10^6/4.78 \times 10^3 = 189.7\text{N/mm}^2 \leqslant \text{f} = 205\text{N/mm}^2$$

③ 挠度计算

最大挠度

$v_{max} = 5q_k l^4_b / (384EI) = 5 \times 0.0397 \times 10^3 \times 1.05^4 \times 10^{12} / (384 \times 2.06 \times 10^5 \times 11.47 \times 10^4)$

$= 0.266mm \leqslant [v]min[l_b/150, 10] = min[1050/150, 10] = 7mm$

因此，横向水平杆满足施工要求。

（3）扣件抗滑承载力验算

有关参数计取值：

R——横向水平杆传给立杆的竖向作用力；

R_C——扣件抗滑承载力设计值，此处刚性连接采用直角扣件，故取值为 8.0KN。

N_{GK}——水平杆和脚手板的自重产生的轴向力；

N_{QK}——施工荷载标准值产生的轴向力。

$N_{GK} = (4l_a + l_b) G_1 + l_a \cdot l_b \cdot G_2 = (4 \times 1.5 + 1.05) \times 0.0397 + 1.5 \times 1.05 \times 0.1$

$= 0.437kN$

$N_{QK} = l_a \cdot l_b \cdot q_2 = 1.5 \times 1.05 \times 3 = 4.725kN$

$R = (1.2N_{GK} + 1.4N_{QK}) = (1.2 \times 0.437 + 1.4 \times 4.725) = 7.139kN < R_C$

因此，扣件抗滑承载力满足施工要求。

（4）立杆验算

脚手架工程设计为双排架，立杆纵向间距为 1500mm，从受力情况来分析，立杆可简化为一跨中所有竖向荷载的支撑点，简化为图 2-15。

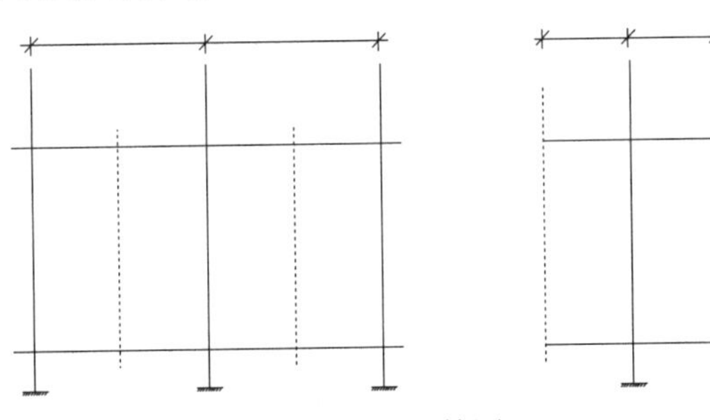

图 2-15　立杆简图

有关参数及取值：

N——计算立杆的轴向力设计值；

N_{G1K}——脚手架结构自重标准值产生的轴向力；

N_{G2K}——构配件自重标准值产生的轴向力；

N_{QK}——施工荷载标准值产生的轴向力；

H——高度，经前面计算得：16.8m（参见方案介绍）。

1）不组合风载

① 脚手架结构自重（包括立杆、纵、横水平杆、剪刀撑、横向斜撑和扣件）；查 JGJ 30—2011，P60 附表 A.0.1 得：架体每米高度一个立杆纵距的自重

$$g_{k1} = 0.1295kN/m$$

$$N_{G1K} = Hg_{k1} = 16.8 \times 0.1295 = 2.1756\text{kN}$$

② 构配件自重（包括脚手板、防护栏杆、挡脚板、密目网等）

脚手板（根据规范，脚手板每隔 12m 高度满铺一层并考虑脚手架上同时 2 个作业施工层，脚手板铺设 4 层；脚手板应离开墙面 120 ～ 150mm，本处取 150mm，则应在脚手架立杆内侧设 150mm 宽的木脚手板，防止物体坠落）。

$$N_{G2K-1} = 4G_2 l_a (l_b + 0.1) = 4 \times 0.1 \times 1.5 \times (1.05 + 0.1) = 0.69\text{kN}$$

栏杆、挡脚板（布置脚手架的位置需布置挡脚板与栏杆，按 4 步考虑）P10 表 4.2.1-2 得 0.17kN/m。

$$N_{G2K-2} = 4G_3 l_a = 4 \times 0.17 \times 1.5 = 1.02\text{kN}$$

安全网

$$N_{G2K-3} = G_4 l_a H = 0.01 \times 1.5 \times 16.8 = 0.252\text{kN}$$

合计（按单个立杆计算，考虑外立杆）：

$$N_{G2K} = N_{G2K-1}/2 + N_{G2K-2} + N_{G2K-3} = 0.69/2 + 1.02 + 0.252 = 1.617\text{kN}$$

③ 施工均布活荷载

按规范《建筑施工脚手架安全技术统一标准》GB 51210—2016 第 5.1.5 条要求，当作业脚手架同时存在 2 个及以上作业层时，在同一跨距内各操作层施工荷载标准值总和取值不得超过 4.0kN/m^2。

$$N_{QK} = q_2 l_a l_b = 3 \times 1.5 \times 1.05 = 4.725\text{kN}$$

④ 垂直荷载组合（最大受力外立杆）

$$N = 1.2(N_{G1K} + N_{G2K}) + 1.4N_{QK} = 1.2 \times (2.1756 + 1.617) + 1.4 \times 4.017$$
$$= 10.17\text{kN}$$

⑤ 立杆稳定性计算

$$\sigma = \frac{N}{\varphi \cdot A} = 10.17 \times 10^3 / 0.188 \times 4.56 \times 10^2 = 118.63\text{N/mm}^2 \leqslant f = 205\text{N/mm}^2$$

2）组合风载

有关符号及参数取值：

M_W——风荷载设计值产生的立杆段弯矩；

M_{WK}——风荷载标准值产生的弯矩；

w_K——风荷载标准值；

μ_Z——风压高度变化系数，此处需要注意，虽脚手架最高高度为 16.8m，但是计算荷载组合时，16.8m 处立杆荷载反而最小，故综合考虑一般建议取立杆离地 5m 高度计算风压变化，查《建筑结构荷载规范》，并根据落地式脚手架最高点高程约 8.950 + 5 = 13.95m，取 C 类 20 米高，其取值为 0.74（其中 8.950 为本工程 ±0.000）；

μ_S——脚手架风荷载体型系数，按规范《建筑施工脚手架安全技术统一标准》GB 51210—2016 第 5.1.7 条，当采用密目安全网全封闭时，取 $\varphi = 0.8$，则背靠开洞墙、满挂密目网的脚手架风载体型系数为 $\mu s = 1.3\varphi = 1.3 \times 0.8 = 1$；

w_0——基本风压（kN/m^2），查《建筑结构荷载规范》得出，杭州市 10 年一遇的基本风压为 $0.3kN/m^2$，故本处取此值进行计算；

l_a——立杆纵距；

h——立杆步距。

$$w_K = \mu_Z \cdot \mu_S \cdot w_0 = 0.74 \times 1 \times 0.3 = 0.22kN/m^2$$

3）组合风载时，其单个立杆的轴向力设计值为：

$$N = 1.2（N_{G1K} + N_{G2K}）+ 0.9 \times 1.4N_{QK}$$
$$= 1.2 \times（2.1756 + 1.617）+ 0.9 \times 1.4 \times 4.017 = 9.61kN$$

其单个立杆的风荷载弯矩设计值为：

$$M_{WK} = \frac{w_K \cdot l_a \cdot h^2}{10} = 0.22 \times 1.5 \times 1.8^2/10 = 0.106kN \cdot m$$

$$M_W = 0.9 \times 1.4M_{WK} = 0.9 \times 1.4 \times 0.107 = 0.13kN \cdot m$$

$$\sigma = \frac{N}{\varphi \cdot A} + \frac{M_W}{W}$$
$$= 9.61 \times 10^3/（0.188 \times 4.56 \times 10^2）+ 0.13 \times 10^6/4.78 \times 10^3$$
$$= 139.30N/mm^2 \leqslant f = 205N/mm^2$$

因此，立杆稳定性满足施工要求。

（5）连墙件的验算

连墙件扣件抗滑能力验算

N_1——连墙件轴向力设计值；

N_{1W}——风荷载产生的连墙件轴向力设计值；

w_K——风荷载标准值；

A_W——每个连墙件的覆盖面积内脚手架外侧面的迎风面积，根据前面设计所述，采用 $3.6 \times 4.5 = 16.2m^2$ 计算；

N_0——连墙件约束脚手架平面外变形所产生的轴向力，双排架取 3.0kN；

R_C——扣件抗滑承载力设计值，此处刚性连接采用直角扣件，采用双扣件进行连接，故 R_C 为 12kN。

$$N_{1W} = 1.4w_kA_W$$
$$N_1 = N_{1W} + N_0 = 1.4w_kA_W + N_0$$
$$= 1.4 \times 0.22 \times 16.2 + 3.0 = 7.99kN \leqslant R_C = 12kN$$

（6）楼面承载力验算

根据前面计算结果，可得出，单根立杆承载力为：$N = 10.17\text{kN}$。

N——立杆传至楼面的轴心力设计值（考虑最不利荷载）；

R_d——底座承载力设计值，一般取 40kN；

1）立杆底座验算

$N = 10.17\text{KN} < R_d = 40\text{kN}$；因此，底座满足承载要求。

2）立杆楼面承载力验算

脚手架立杆基底作用在人防顶板，其设计承载力为 50kN/m^2。每根立杆所分摊面积为 $S = l_a \cdot l_b/2 = 1.5 \times 1.05/2 = 0.7875\text{m}^2$。

故其平均分布荷载为 $N/S = 10.17/0.7875 = 12.91\text{kN/m}^2 < 50\text{kN/m}^2$。

所以满足承载要求。

对于非人防楼面，对楼面有底面采用铺设模板的形式使荷载均布于楼面板上。采用松木方作垫块，其尺寸为 1500mm×250mm×50mm，还需考虑楼板局部正截面受压与抗冲切验算。

2.4 脚手架搭设和拆除

安全可靠的脚手架工程，设计是前提，施工是关键。施工单位应该建立脚手架施工质量和安全管理制度确保按设计方案施工，同时还需满足施工规范要求。

2.4.1 脚手架施工规范

脚手架设计明确材料要求和主要杆件间距，具体的施工操作要求应该满足《建筑施工扣件式钢管脚手架安全技术规范》JGJ 130—2011 的技术要求。

1. 立杆

（1）每根立杆底部宜设置底座或垫板。

立杆

（2）脚手架必须设置纵、横向扫地杆。纵向扫地杆应采用直角扣件固定在距钢管底端不大于 200mm 处的立杆上。横向扫地杆应采用直角扣件固定在紧靠纵向扫地杆下方的立杆上。

（3）脚手架立杆基础不在同一高度上时，必须将高处的纵向扫地杆向低处延长两跨与立杆固定，高低差不应大于 1m。靠边坡上方的立杆轴线到边坡的距离不应小于 500mm（图 2-16）。

（4）单、双排脚手架底层步距均不应大于 2m。

（5）单排、双排与满堂脚手架立杆接长除顶层顶步外，其余各层各步接头必须采用对接扣件连接。

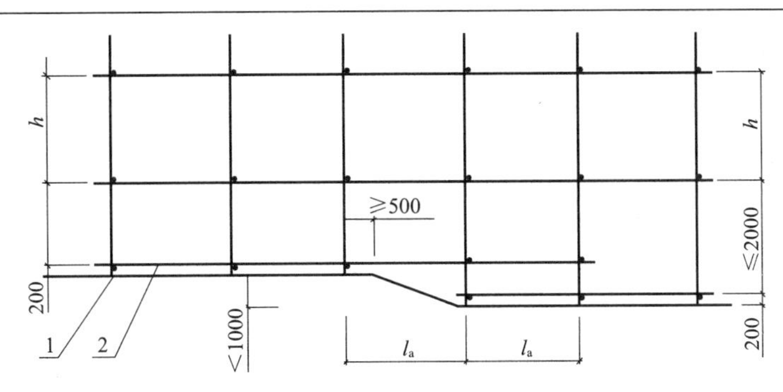

图 2-16 纵向、横向扫地杆构造

1—横向扫地杆；2—纵向扫地杆

（6）脚手架立杆的对接、搭接应符合下列规定：

1）当立杆采用对接接长时，立杆的对接扣件应交错布置，两根相邻立杆的接头不应设置在同步内，同步内隔一根立杆的两个相隔接头在高度方向错开的距离不宜小于500mm，各接头中心至主节点的距离不宜大于步距的 1/3；

2）当立杆采用搭接接长时，搭接长度不应小于 1m，并应采用不少于 2 个旋转扣件固定，端部扣件盖板的边缘至杆端距离不应小于 100mm。

（7）脚手架立杆顶端栏杆宜高出女儿墙上端 1m，宜高出檐口上端 1.5m。

2. 纵向水平杆

（1）纵向水平杆应设置在立杆内侧，单根杆长度不应小于 3 跨；

（2）纵向水平杆接长应采用对接扣件连接或搭接，并应符合下列规定：

1）两根相邻纵向水平杆的接头不应设置在同步或同跨内；不同步或不同跨两个相邻接头在水平方向错开的距离不应小于 500mm；各接头中心至最近主节点的距离不应大于纵距的 1/3（图 2-17）。

纵向水平杆

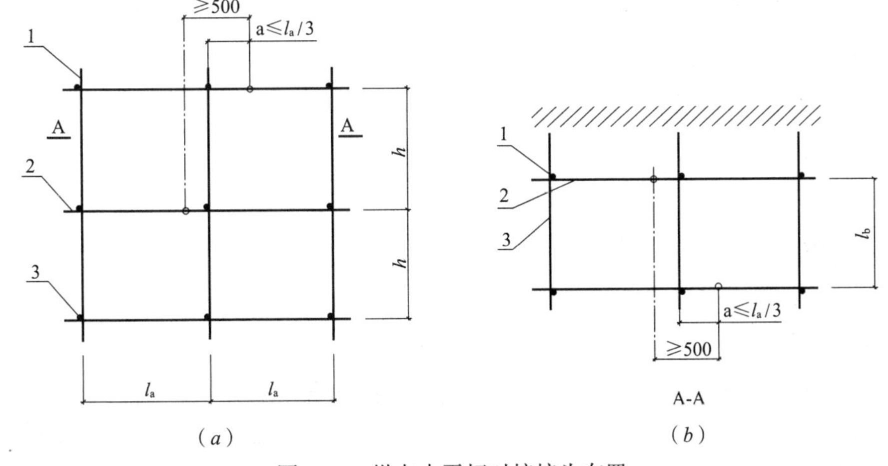

图 2-17 纵向水平杆对接接头布置

（a）接头不在同步内（立面）；（b）接头不在同跨内（平面）

1—立杆；2—纵向水平杆；3—横向水平杆

2）搭接长度不应小于 1m，应等间距设置 3 个旋转扣件固定；端部扣件盖板边缘至搭接纵向水平杆杆端的距离不应小于 100mm。

3）当使用冲压钢脚手板、木脚手板、竹串片脚手板时，纵向水平杆应作为横向水平杆的支座，用直角扣件固定在立杆上；当使用竹笆脚手板时，纵向水平杆应采用直角扣件固定在横向水平杆上，并应等间距设置，间距不应大于 400mm（图 2-18）。

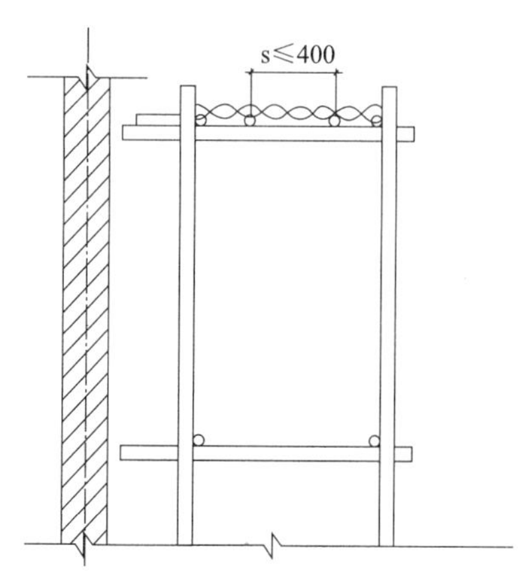

图 2-18　铺竹芭脚手板时作业层

3. 横向水平杆

横向水平杆

横向水平杆的构造应符合下列规定：

（1）作业层上非主节点处的横向水平杆，宜根据支承脚手板的需要等间距设置，最大间距不应大于纵距的 1/2。

（2）当使用冲压钢脚手板、木脚手板、竹串片脚手板时，双排脚手架的横向水平杆两端均应采用直角扣件固定在纵向水平杆上；单排脚手架的横向水平杆的一端应用直角扣件固定在纵向水平杆上，另一端应插入墙内，插入长度不应小于 180mm。

（3）当使用竹笆脚手板时，双排脚手架的横向水平杆的两端，应用直角扣件固定在立杆上;单排脚手架的横向水平杆的一端，应用直角扣件固定在立杆上，另一端插入墙内，插入长度不应小于 180mm。

4. 主节点

主节点处必须设置一根横向水平杆，用直角扣件扣接且严禁拆除。

5. 脚手板

（1）作业层脚手板应铺满、铺稳、铺实。

脚手板

（2）冲压钢脚手板、木脚手板、竹串片脚手板等，应设置在三根横向水平杆上。当脚手板长度小于 2m 时，可采用两根横向水平杆支承，但应将脚手板两端与横向水平杆可靠固定，严防倾翻。脚手板的铺设应采用对接平铺或搭接铺设。脚手板对接平铺时，接头处应设两根横向水平杆，脚手板外伸长度应取 130 ～ 150mm，两块脚手板外伸长度的和不应大于 300mm（图 2-19*a*）；

脚手板搭接铺设时，接头应支在横向水平杆上，搭接长度不应小于 200mm，其伸出横向水平杆的长度不应小于 100mm（图 2-19*b*）。

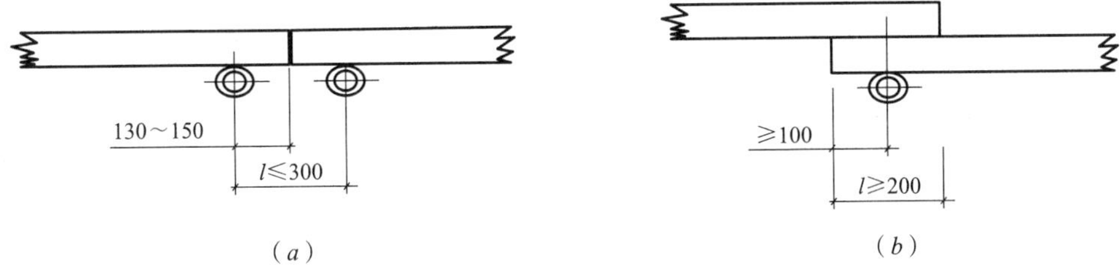

图 2-19　脚手板对接、搭接构造

（*a*）脚手板对接；（*b*）脚手板搭接

（3）竹笆脚手板应按其主竹筋垂直于纵向水平杆方向铺设，且应对接平铺，四个角应用直径不小于 1.2mm 的镀锌钢丝固定在纵向水平杆上。

（4）作业层端部脚手板探头长度应取 150mm，其板的两端均应固定于支承杆件上。

6. 连墙件

（1）连墙件的布置应符合下列规定：

1）应靠近主节点设置，偏离主节点的距离不应大于 300mm；

2）应从底层第一步纵向水平杆处开始设置，当该处设置有困难时，应采用其他可靠措施固定；

3）应优先采用菱形布置，或采用方形、矩形布置。

（2）开口型脚手架的两端必须设置连墙件，连墙件的垂直间距不应大于建筑物的层高，并且不应大于 4m。

（3）连墙件中的连墙杆应呈水平设置，当不能水平设置时，应向脚手架一端下斜连接。

（4）连墙件必须采用可承受拉力和压力的构造。对高度 24m 以上的双排脚手架，应采用刚性连墙件与建筑物连接。

（5）当脚手架下部暂不能设连墙件时应采取防倾覆措施。当搭设抛撑时，抛撑应采用通长杆件，并用旋转扣件固定在脚手架上，与地面的倾角应在 45°～60° 之间；连接点中心至主节点的距离不应大于 300mm。抛撑应在连墙件搭设后再拆除。

（6）架高超过 40m 且有风涡流作用时，应采取抗上升翻流作用的连墙措施。

7. 门洞

单、双排脚手架门洞宜采用上升斜杆、平行弦杆桁架结构型式（图 2-20），斜杆与地面的倾角 *a* 应在 45°～60° 之间。门洞桁架的型式宜按下列要求确定：

（1）当步距（h）小于纵距（l_a）时，应采用 A 型；

（2）当步距（h）大于纵距（l_a）时，应采用 B 型，并应符合下列规定：

1）h = 1.8m 时，纵距不应大于 1.5m；

2）h = 2.0m 时，纵距不应大于 1.2m。

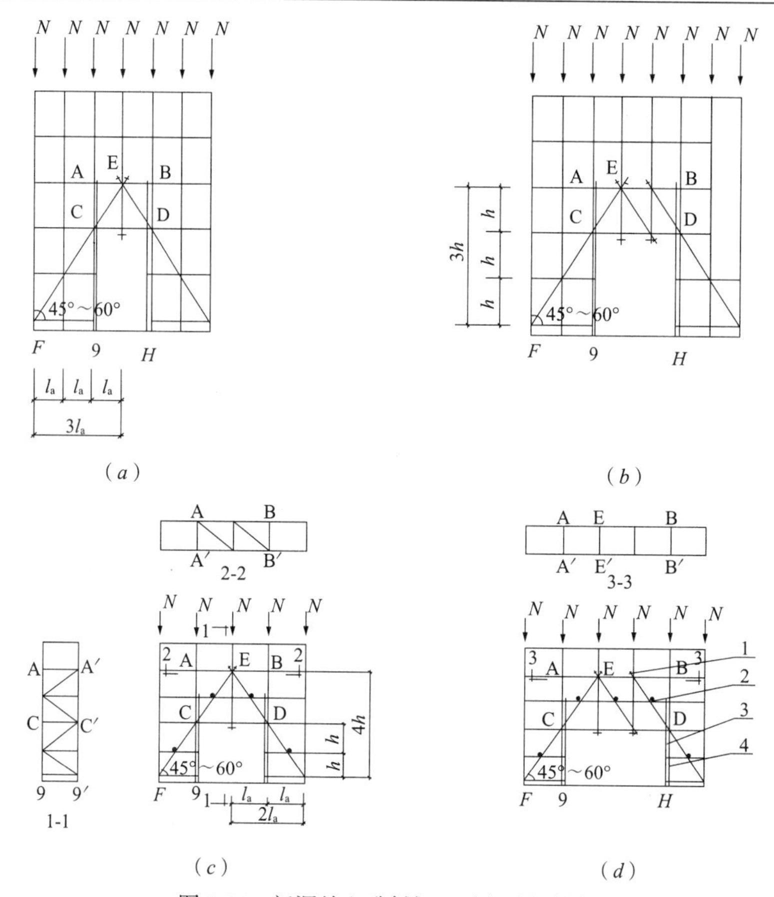

图 2-20　门洞处上升斜杆、平行弦杆桁架

(a) 挑空一根立杆 A 型;(b) 挑空二根立杆 A 型;(c) 挑空一根立杆 B 型;(d) 挑空二根立杆 B 型

1—防滑扣件; 2—增设的横向水平杆; 3—副立杆; 4—主立杆

(3) 单、双排脚手架门洞桁架的构造应符合下列规定:

1) 单排脚手架门洞处，应在平面桁架（图 2-20 中（a）(b)(c)(d)）的每一节间设置一根斜腹杆；双排脚手架门洞处的空间桁架，除下弦平面外，应在其余 5 个平面内的图示节间设置一根斜腹杆。

2) 斜腹杆宜采用旋转扣件固定在与之相交的横向水平杆的伸出端上旋转扣件中心线至主节点的距离不宜大于 150mm。当斜腹杆在 1 跨内跨越 2 个步距（图 2-20a）时，宜在相交的纵向水平杆处，增设一根横向水平杆，将斜腹杆固定在其伸出端上。

3) 斜腹杆宜采用通长杆件，当必须接长使用时，宜采用对接扣件连接也可采用搭接，搭接构造应符合《建筑施工扣件式钢管脚手架安全技术规范》JGJ 130—2011 第 6.3.6 条第二款的规定。

(4) 单排脚手架过窗洞时应增设立杆或增设一根纵向水平杆（图 2-21）。

(5) 门洞桁架下的两侧立杆应为双管立杆，副立杆高度应高于门洞口 1 ～ 2 步。

(6) 门洞桁架中伸出上下弦杆的杆件端头，均应增设一个防滑扣件（图 2-21），该扣件宜紧靠主节点处的扣件。

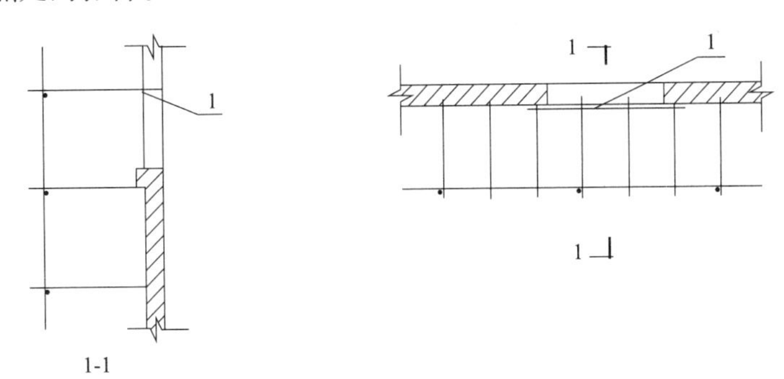

图 2-21 单排脚手架过窗洞构造

1—增设的纵向水平杆

8. 剪刀撑与横向斜撑

（1）双排脚手架应设置剪刀撑与横向斜撑，单排脚手架应设置剪刀撑。

（2）单、双排脚手架剪刀撑的设置应符合下列规定：

1）每道剪刀撑跨越立杆的根数应按表 2-10 的规定确定，每道剪刀撑宽度不 应小于 4 跨，且不应小于 6m，斜杆与地面的倾角应在 45° ～ 60° 之间；

剪刀撑跨越立杆的最多根　　表 2-10

剪刀撑斜杆与地面的倾角 a	45°	50°	60°
剪刀撑跨越立杆的最多根数 n	7	6	5

2）剪刀撑斜杆的接长应采用搭接或对接，搭接应符合《建筑施工扣件式钢管脚手架安全技术规范》JGJ 130—2011 第 6.3.6 条第二款的规定；

3）剪刀撑斜杆应用旋转扣件固定在与之相交的横向水平杆的伸出端或立杆上，旋转扣件中心线至主节点的距离不应大于 150mm。

（3）高度在 24m 及以上的双排脚手架应在外侧全立面连续设置剪刀撑；高度在 24m 以下的单、双排脚手架，均必须在外侧两端、转角及中间间隔不超过 15m 的立面上，各设置一道剪刀撑，并应由底至顶连续设置（图 2-22）。

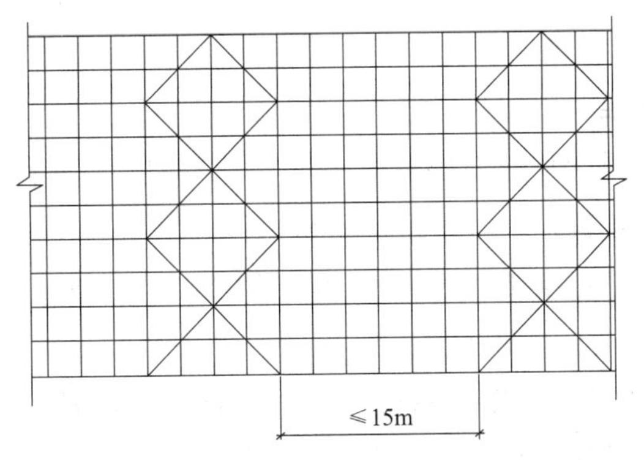

图 2-22 脚手架高度 24m 以下剪刀撑布置

剪刀撑

（4）双排脚手架横向斜撑的设置应符合下列规定：

1）横向斜撑应在同一节间，由底至顶层呈之字形连续布置；

2）高度在 24m 以下的封闭型双排脚手架可不设横向斜撑，高度在 24m 以上的封闭型脚手架，除拐角应设置横向斜撑外，中间应每隔 6 跨距设置一道。

（5）开口型双排脚手架的两端均必须设置横向斜撑。

9. 斜道

（1）人行并兼作材料运输的斜道的型式宜按下列要求确定：

1）高度不大于 6m 的脚手架，宜采用一字形斜道；

2）高度大于 6m 的脚手架，宜采用之字形斜道。

（2）斜道的构造应符合下列规定：

1）斜道应附着外脚手架或建筑物设置；

2）运料斜道宽度不应小于 1.5m，坡度不应大于 1∶6；人行斜道宽度不应小于 1m，坡度不应大于 1∶3；

3）拐弯处应设置平台，其宽度不应小于斜道宽度；

4）斜道两侧及平台外围均应设置栏杆及挡脚板。栏杆高度应为 1.2m，挡脚板高度不应小于 180mm。

5）运料斜道两端、平台外围和端部均应按《建筑施工扣件式钢管脚手架安全技术规范》JGJ 130—2011 第 6.4.1 条～ 6.4.6 条的规定设置连墙件；每两步应加设水平斜杆；应按《建筑施工扣件式钢管脚手架安全技术规范》JGJ 130—2011 第 6.6.2 条～ 6.6.5 条的规定设 置剪刀撑和横向斜撑。

（3）斜道脚手板构造应符合下列规定：

1）脚手板横铺时，应在横向水平杆下增设纵向支托杆，纵向支托杆间距不应大于 500mm；

2）脚手板顺铺时，接头应采用搭接，下面的板头应压住上面的板头，板头的凸棱处应采用三角木填顺；

3）人行斜道和运料斜道的脚手板上应每隔 250 ～ 300mm 设置一根防滑木条，木条厚度应为 20 ～ 30mm。

10. 型钢悬挑脚手架

（1）型钢悬挑梁悬挑端应设置能使脚手架立杆与钢梁可靠固定的定位点，定位点离悬挑梁端部不应小于 100mm。

（2）锚固位置设置在楼板上时，楼板的厚度不宜小于 120mm。如果楼板的厚度小于 120mm 应采取加固措施。

悬挑脚手架的搭设

（3）悬挑梁间距应按悬挑架架体立杆纵距设置，每一纵距设置一根。

（4）悬挑架的外立面剪刀撑应自下而上连续设置。

（5）锚固型钢的主体结构混凝土强度等级不得低于 C20。

2.4.2 脚手架施工技术

脚手架搭设和拆除作业应按专项施工方案施工。脚手架施工操作工艺流程：地基处理—放线定位—安放底座—架体搭设—安装连墙件—加设剪刀撑—铺设脚手板及挡脚板—挂设安全网—检查验收—拆除。施工操作要点如下：

1. 地基处理

脚手架基础范围内的土方必须夯填密实，并进行表面平整，地基周边设置排水沟，避免地基泡水。

2. 定位放线

根据脚手架设计构造要求，对脚手架立杆位置进行定位放线。

3. 安放底座

将底座、垫板准确地放在定位线上，垫板宜采用长度不少于 2 跨、厚度不小于 50mm 的木垫板，也可以用槽钢。

4. 架体搭设时操作要点

（1）在地座上安装立杆、摆放扫地杆，同时将竖向立杆与扫地杆扣紧后，再安装扫地小横杆，并立杆和扫地杆扣紧，然后安装第一步大横杆并与立杆扣紧，安装第一步小横杆，完成第一步架体搭设。

（2）安装第二步大横杆与小横杆，安装过程中，加设临时斜撑杆，上端与第二步大横杆扣紧，按此方法逐步向上安装第三、四步大横杆和小横杆。

（3）单、双排脚手架开始搭设立杆时，应每隔 6 跨设置一根抛撑，直至连墙件安装稳定后，方可根据情况拆除；当搭至有连墙件的构造点时，在搭设完该处的立杆、纵向水平杆、横向水平杆后，应立即设置连墙件；如为主体结构施工时，宜将连墙件设置在结构楼板上。

（4）脚手架纵向水平杆应随立杆按步搭设，并应采用直角扣件与立杆固定；在封闭型脚手架的同一步中，纵向水平杆应四周交圈，并应用直角扣件与内外角部立杆固定。

（5）双排脚手架横向水平杆的靠墙一段至墙装饰面的距离不宜大于 100mm；单排脚手架的横向水平杆设置位置应符合规范要求。

5. 安装连墙件

（1）连墙件的安装应随脚手架搭设同步进行，不得滞后安装。

（2）当单、双排脚手架施工操作高出相邻连墙件两步以上时，应采取确保脚手架稳定的临时拉结措施，直到上一层连墙件安装完毕后再根据情况拆除。

6. 加设剪刀撑

（1）脚手架剪刀撑与双排脚手架横向斜撑应随立杆、纵向和横向水平杆等同步搭设，不得滞后安装。

（2）随立杆、纵向和横向水平杆等同步搭设剪刀撑，剪刀撑与立杆采用旋转扣件扣牢，剪刀撑搭接长度不少于 1000mm，不少于 3 个扣件搭接。

7. 脚手板与挡脚板

脚手板铺设应满足规范要求，单、双排脚手架应在操作层铺设脚手板，各楼层均需设置挡脚板。作业层、斜道的栏杆和挡脚板的搭设应符合下列规定（图 2-23）：

（1）栏杆和挡脚板均应搭设在外立杆的内侧；

（2）上栏杆上皮高度应为 1.2m；

（3）挡脚板高度不应小于 180mm；

（4）中栏杆应居中设置。

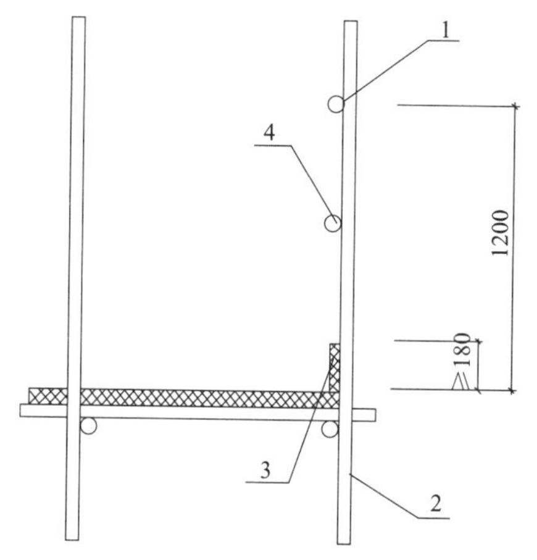

图 2-23 栏杆与挡脚板构造

1—上栏杆；2—外立杆；3—挡脚板；4—中栏杆

脚手架搭设

8. 挂设安全网

（1）单双排脚手架外立面应满布设安全网，并应用安全网双层兜底，顶部施工层以下每隔 10m 应用安全网封底。

（2）安全网均用尼龙绳或 8 号钢丝与外侧横杆捆绑牢固，系点沿网边均匀分布，距离不得大于 750mm。

（3）多张网连接使用，相邻部分应重叠，连接的材料与网绳相同。

9. 拆除脚手架

（1）脚手架使用完成后，采用“先搭后拆”的方式将脚手架拆除，拆立杆时，要先抱住立杆再拆开最后两个扣。

脚手架的拆除

（2）拆除纵向水平杆、斜撑、剪刀撑，先拆中间扣件，然后托住中间，再解端头扣。

（3）单、双排脚手架拆除作业必须由上而下逐层进行，严禁上下同时作业；连墙件必须随脚手架逐层拆除，严禁先将连墙件整层或数层拆除后再拆除脚手架；

分段拆除高度大于两步时，应增设连墙件加固。

（4）当脚手架拆至下部最后一根立杆高度（约 6.5m）时，应先在适当位置搭设临时抛撑加固后，再拆除连墙件。

2.4.3　施工管理

1. 脚手架施工质量管理

（1）管理制度

1）脚手架搭设前，应按施工方案向施工人员进行交底。施工人员应持证上岗。

2）搭设脚手架用的所有构配件应符合设计和规范要求。钢管、扣件、悬挑脚手架用型钢等进入现场应检查产品合格证，并应进行抽样检查。

3）脚手架操作人员还应按操作规范进行脚手架的搭设和拆除。

4）脚手架在搭设和使用过程中用进行质量检查与验收。

（2）脚手架阶段检查

脚手架及其地基基础应在下列阶段进行检查与验收：

脚手架质量控制

1）基础完工后及脚手架搭设前；

2）作业层上施加荷载前；

3）每搭设完 6 ～ 8m 高度后；

4）达到设计高度后；

5）遇有六级强风及以上风或大雨后，冻结地区解冻后；

6）停用超过一个月。

（3）脚手架日常检查

1）杆件的设置和连接，连墙件、支撑、门洞桁架等的构造应符合本规范和专项施工方案要求；

2）地基应无积水，底座应无松动，立杆应无悬空；

3）扣件螺栓应无松动；

4）高度在 24m 以上的双排、满堂脚手架，其立杆的沉降与垂直度的偏差应符合《建筑施工扣件式钢管脚手架安全技术规范》JGJ 130—2011 表 8.2.4 项次 1、2 的规定；高度在 20m 以上的满堂支撑架，其立杆的沉降与垂直度的偏差应符合《建筑施工扣件式钢管脚手架安全技术规范》JGJ 130—2011 表 8.2.4 项次 1、3 的规定；

5）安全防护措施应符合《建筑施工扣件式钢管脚手架安全技术规范》JGJ 130—2011 要求；

6）应无超载使用。

（4）脚手架工程检查的技术文件

1）《建筑施工扣件式钢管脚手架安全技术规范》JGJ 130—2011 第 8.2.3 ～ 8.2.5 条的

规定；

2）专项施工方案及变更文件；

3）技术交底文件；

4）构配件质量检查表（《建筑施工扣件式钢管脚手架安全技术规范》JGJ 130—2011 附录 D 表 D）。

2. 脚手架施工安全管理

（1）扣件式钢管脚手架安装与拆除人员必须是经考核合格的专业架子工。架子工应持证上岗。搭拆脚手架人员必须戴安全帽、系安全带、穿防滑鞋。

（2）脚手架的构配件质量与搭设质量，按规定检查合格后才能使用。钢管上严禁打孔。

（3）作业层上的施工荷载应符合设计要求，不得超载。不得将模板支架、缆风绳、泵送混凝土和砂浆的输送管等固定在架子上；严禁悬挂起重设备，严禁拆除或移动架体上安全防护设施。

（4）满堂支撑架在使用过程中应有监护施工，当出现异常情况时，应立即停止施工，并应迅速撤离作业面上人员。应在采取确保安全的措施后，查明原因、作出判断和处理。满堂支撑架顶部的实际荷载不得超过设计规定。

（5）当有六级强风及以上风、浓雾、雨或雪天气时应停止脚手架搭设与拆除作业。雨雪后上架作业应有防滑措施，并应扫除积雪。夜间不宜进行脚手架搭设与拆除作业。

（6）脚手架应按规范要求进行安全检查与维护。

（7）脚手板应铺设牢靠、严实，并应用安全网双层兜底。施工层以下每隔 10m 应用安全网封闭。脚手架沿架体外围应用密目式安全网封闭，密目式安全网宜设置在脚手架外立杆的内侧，并与架体绑扎牢固。

（8）脚手架在使用期间，严禁拆除下列杆件：

1）主节点处的纵、横向水平杆，纵、横向扫地杆；

2）连墙件。

（9）当脚手架在使用过程中开挖脚手架基础下的设备基础或管沟时，必须对脚手架采取加固措施。满堂脚手架与支撑架在安装过程中，应采取防倾覆的临时固定措施。

（10）临街搭设脚手架时，外侧应用防止坠物伤人的防护措施。

（11）在脚手架上进行电、气焊作业时，应有防火措施和专人看守。工地临时用电线路的架设及脚手架接地、避雷措施等应按相关规范执行。

（12）搭设脚手架时，地面应设围栏和警戒标志，并应派专人看守，严禁非操作人员入内。

3　BIM 脚手架工程软件应用

3.1　软件应用概述

本教材以品茗公司研发的 BIM 脚手架工程设计软件为运行背景，该软件是一款可以通过 BIM 技术应用解决建筑外脚手架工程设计的软件。该软件通过对拟建工程信息、特征、材料、楼层、标高、参数的手动输入，或通过已有工程结构 CAD 图导入，自动识别建筑物外轮廓线，对整栋建筑进行分析，软件内置智能计算核心、智能布置核心、对工程进行智能分段、智能计算、智能排布完成结构转化，分析布置出符合现行规范要求的最优脚手架设计，生成既满足安全计算又满足施工现场所需的脚手架专项方案、施工图等技术文件以及现场所需各类材料的统计报表。

BIM 脚手架工程软件创新研发“三线”布置脚手架技术，实现一键生成落地脚手架、悬挑脚手架、悬挑架工字钢，并且可生成脚手架成本估算、脚手架方案论证、方案编制等，是岗位级落地的脚手架设计软件。

1. 功能组成（图 3–1）

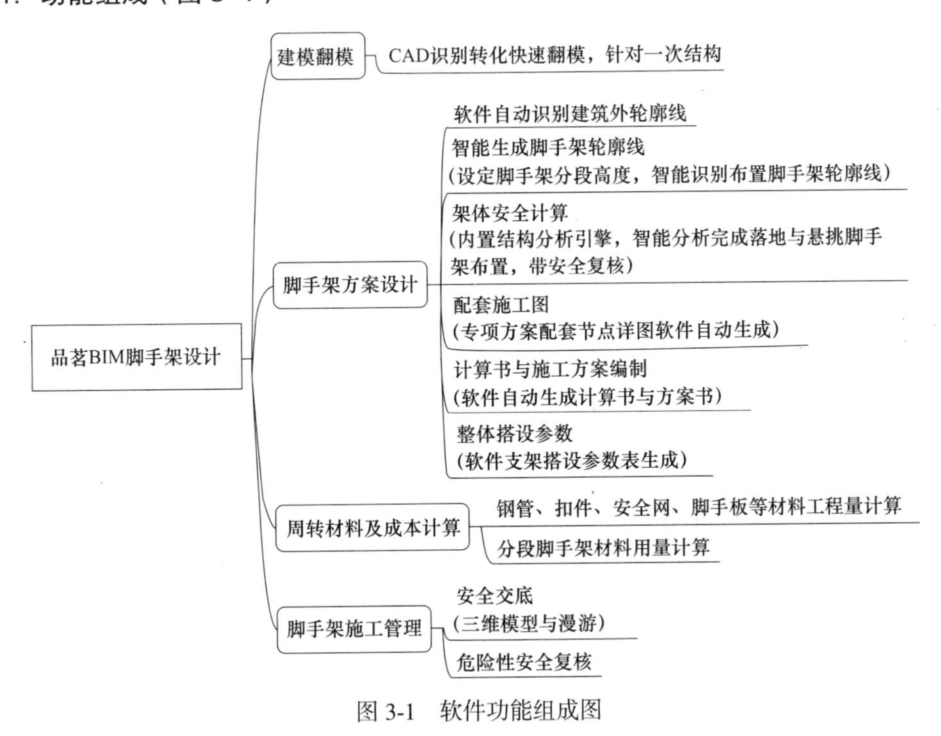

图 3-1　软件功能组成图

2. 工作流程（图 3-2）

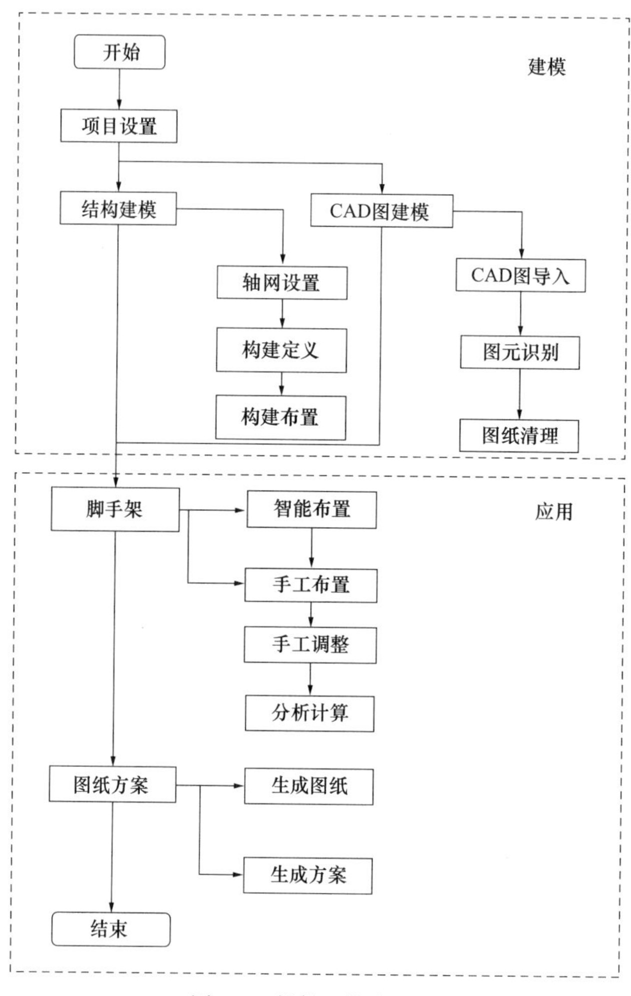

图 3-2　软件工作流程图

3. 运行环境

品茗脚手架工程设计软件是基于 AutoCAD 平台开发的 3D 可视化脚手架设计软件。安装本软件之前，请确保您的计算机已经安装 AutoCAD。为达到最佳显示效果建议安装 AutoCAD 2008 32bit、AutoCAD 2014 32/64bit，目前对 PC 机的硬件环境无特殊性能要求，建议 2G 以上内存，并配有独立显卡。

4. 操作界面

成功运行软件进入 AutoCAD 平台，品茗 BIM 脚手架工程设计软件在 AutoCAD 平台接口左侧自动加载“BIM 脚手架工程”功能区和属性区。品茗 BIM 脚手架工程设计软件的界面如图 3-3 所示。

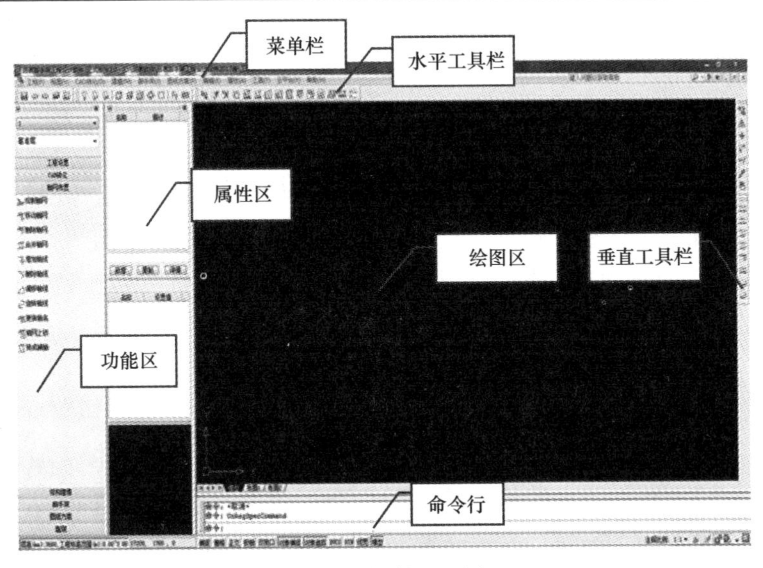

图 3-3 软件界面图

5. 功能主菜单

AutoCAD 平台左侧自动加载品茗 BIM 脚手架工程设计软件功能主菜单，包含各项功能目录和菜单如图 3-4 所示。

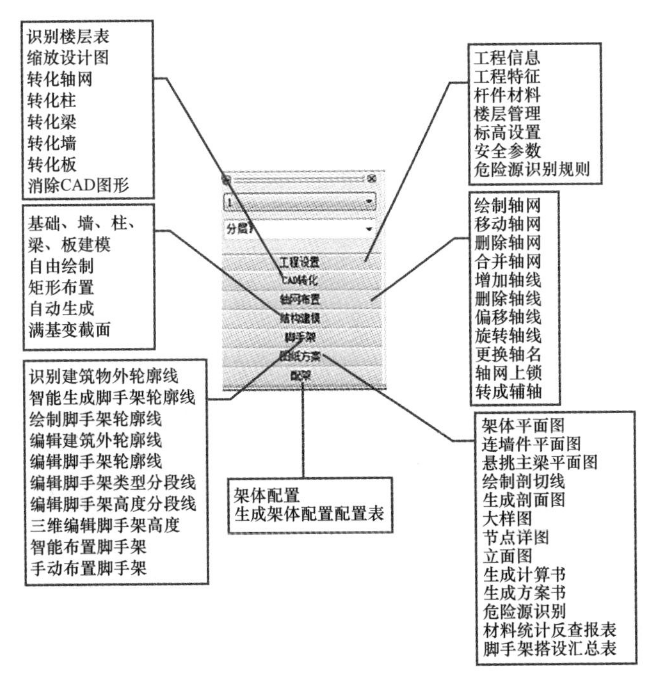

图 3-4 功能菜单图

3.2 工程信息设置

本教材以位于某一工业园区内的一幢十二层的办公大楼为背景，进行建模和脚手架搭设，本幢建筑地面以上部分共十二层，总层高 43.500m，采用钢筋混凝土框架结构，基础为柱下独立基础。

本项目源于真实工程，有一系列配套的完整图纸可供读者学习借鉴，从而帮助读者更好的理解图纸、BIM 模型和脚手架工程设计之间的转换关系，体会 BIM 技术给设计、施工等诸多方面带来的便捷和高效。本案例配套图纸可通过 [qiniu.pmsjy.com/Video/zl/1.rar?attname=办公楼图纸（脚、模）.rar] 下载。

1. 新建工程

双击桌面图标打开软件，界面如图 3-5 所示。在界面点击“新建工程”，键入工程名，并以工程名 .pmjmj 保存，完成新工程建立，如图 3-6 所示，【软件同时自动创建同名文件夹，以下操作所产生文件均保存在此文件夹内】。如已存在拟建工程，则直接点击“打开工程”找出对应工程即可。

手工建模流程

图 3-5　软件界面

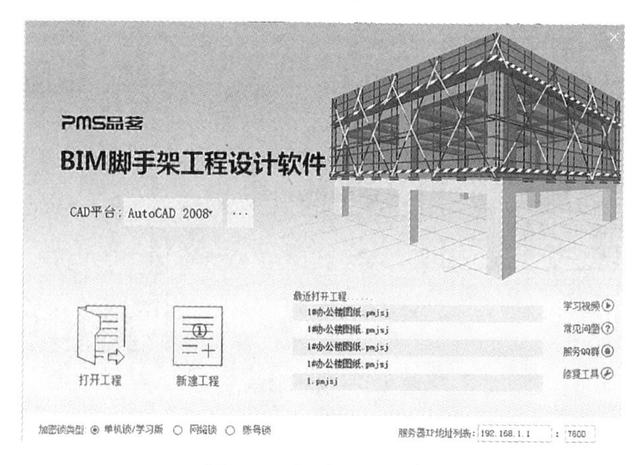

图 3-6　新建工程文件

2. 工程信息

工程设置即将工程信息、工程特征、杆件材料、楼层管理、标高设置、安全参数基本工程信息进行填写。有两种填写方法，一是通过下拉菜单\【工程】\【工程设置】，如图 3-7 所示，将本工程基本概况输入表中。

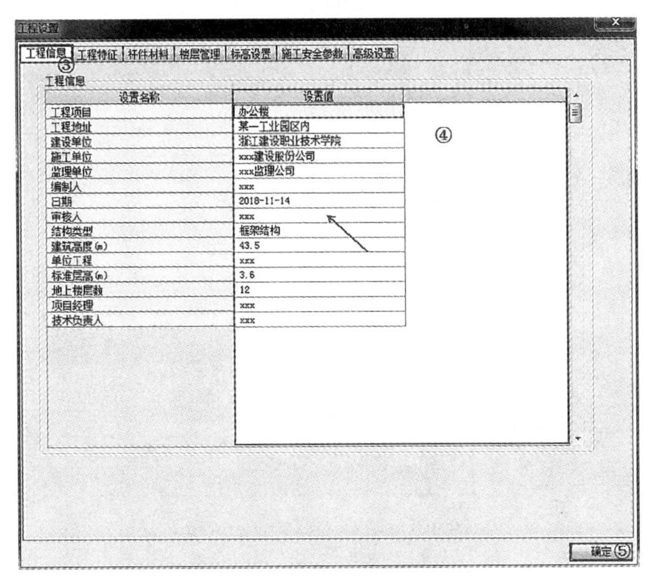

图 3-7　设置工程信息

二是通过功能菜单\【工程设置】\【工程信息】，将本工程基本概况输入表中，如图 3-8 所示。

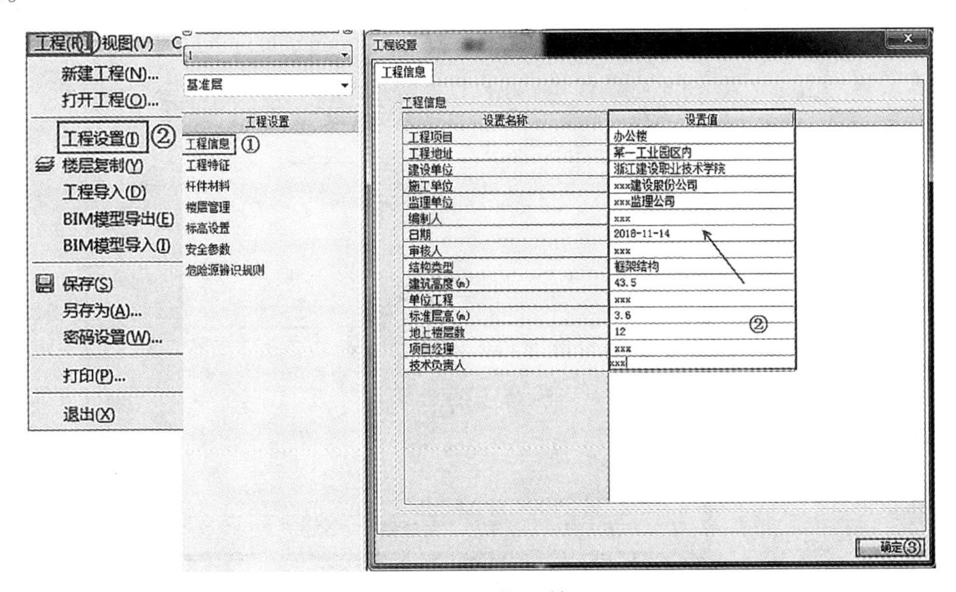

图 3-8　工程概况输入

3. 工程特征

认真研究本工程特点所需要采用的脚手架结构形式；本工程所处地区；脚手架构造规范规定，将工程特征值、地区选择、构造要求填写到工程特征对话框中，设计出符合规范要求的脚手架搭设体系、构造要求。有两种填写方法，一是通过下拉菜单\【工程】\【工程设置】，如图 3-9 所示。

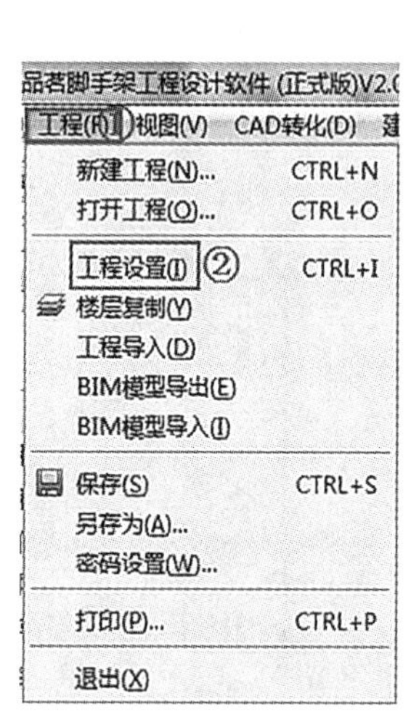

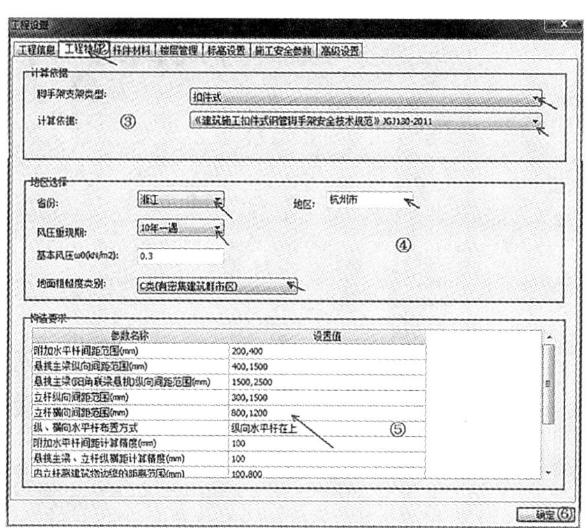

图 3-9 填写工程特征（一）

二是通过功能菜单\【工程设置】\【工程特征】，将本工程的计算依据、地区选择、构造要求的情况输入表中，如图 3-10 所示。

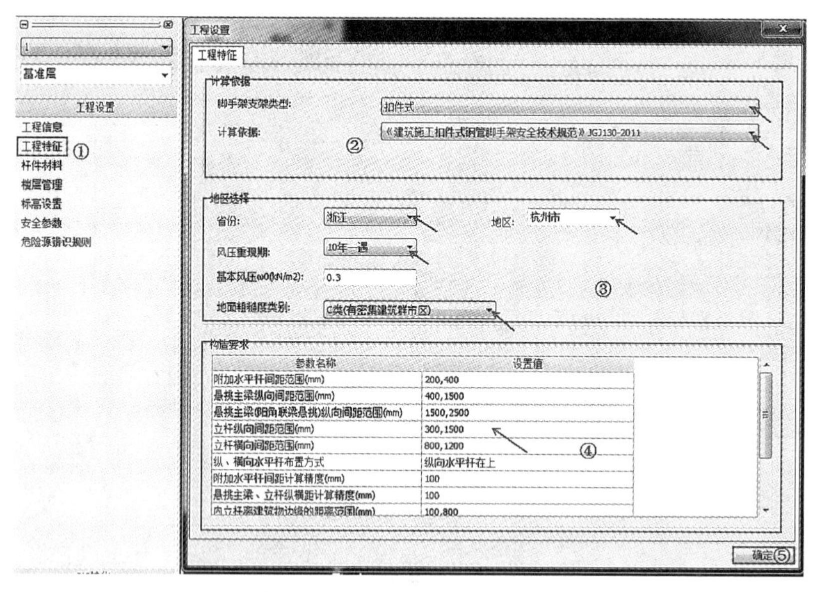

图 3-10 填写工程特征（二）

4. **杆件材料**

通过分析本工程情况，选择杆件材料即选择钢管材料、型钢材料的型号、规格、尺寸、重量，有两种填写方法，一是通过下拉菜单\【工程】\【工程设置】\【杆件材料】，如图 3-11 所示。

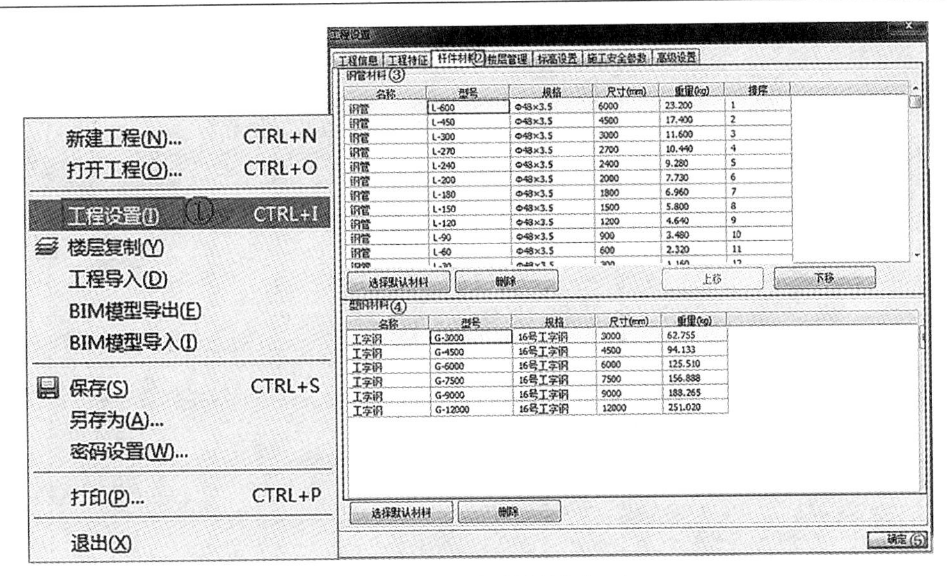

图 3-11 设置杆件材料（一）

二是通过功能菜单\【工程设置】\【杆件材料】，在杆件材料对话框中，设置钢管材料，型钢材料进行选择，如图 3-12 所示。

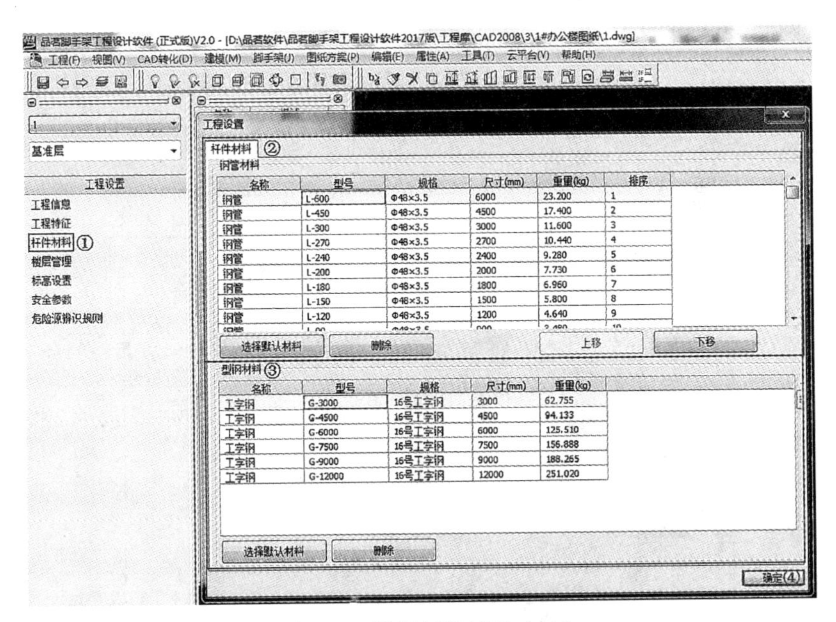

图 3-12 设置杆件材料（二）

5. 楼层管理

楼层管理指依据设计结构图纸将工程单栋楼体的楼层、层高、标高及梁板、柱墙混凝土强度信息汇总，有两种填写方法，一是通过下拉菜单\【工程】\【工程设置】\【楼层管理】，如图 3-13 所示。

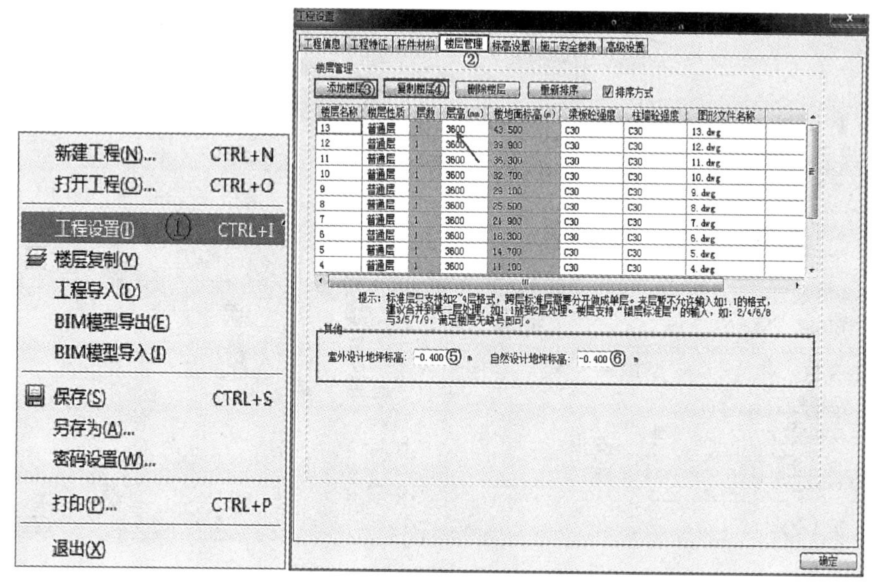

图 3-13 楼层管理设置（一）

二是通过功能菜单 \【工程设置】\【楼层管理】，使用添加楼层，并根据工程情况更改楼层性质，层高，梁板、柱墙混凝土强度，如添加楼层各参数相同，点击复制楼层即可，楼地面标高软件自动累加，根据设计图纸，输入室外设计地平标高及自然设计地平标高，设置完毕点击确定，如图 3-14 所示（注：楼层管理表格也可暂不填写，可在 CAD 转化中识别楼层表中，自动生成楼层表后再根据工程情况进行编辑即可）。

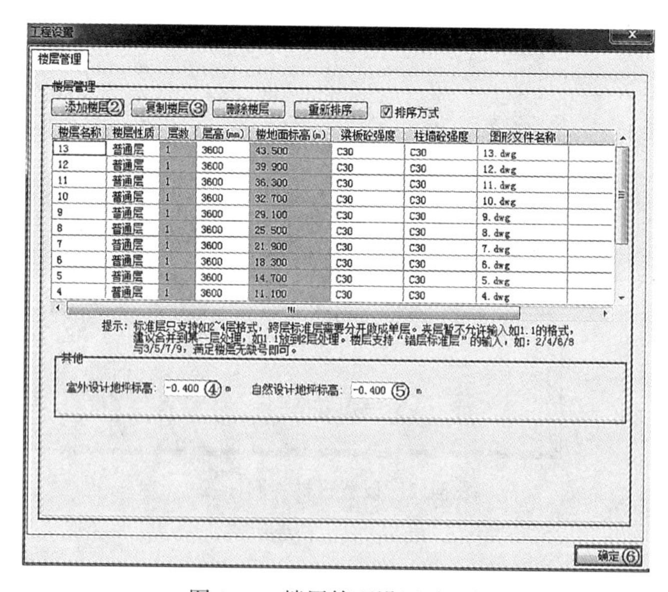

图 3-14 楼层管理设置（二）

6. 标高设置

标高设置是指，选择标注模式是楼层标高或工程标高，有两种填写方法，一是通过

下拉菜单 \【工程】\【工程设置】\【标高设置】，如图 3-15 所示。

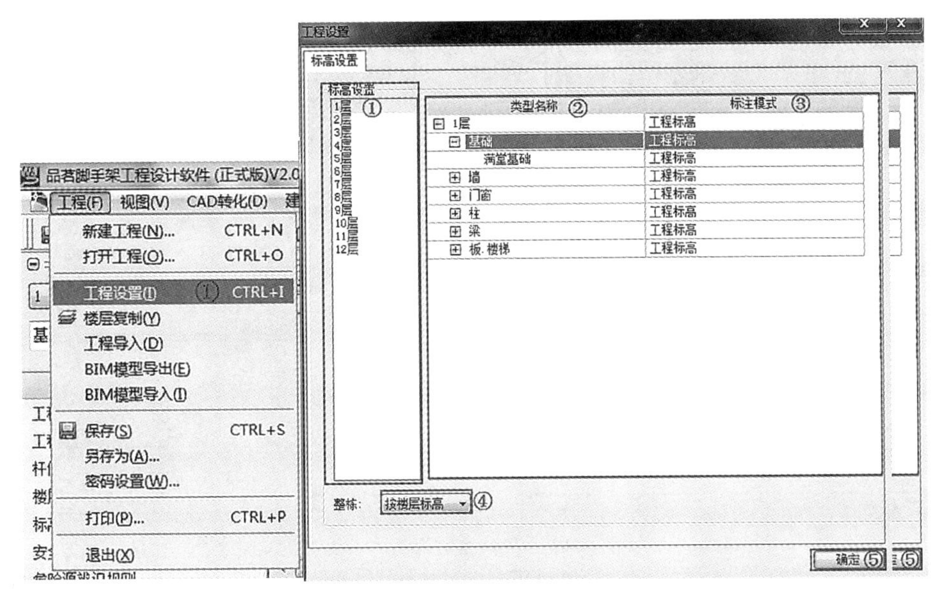

图 3-15　标高设置（一）

二是通过功能菜单 \【工程设置】\【标高设置】，如图 3-16 所示。

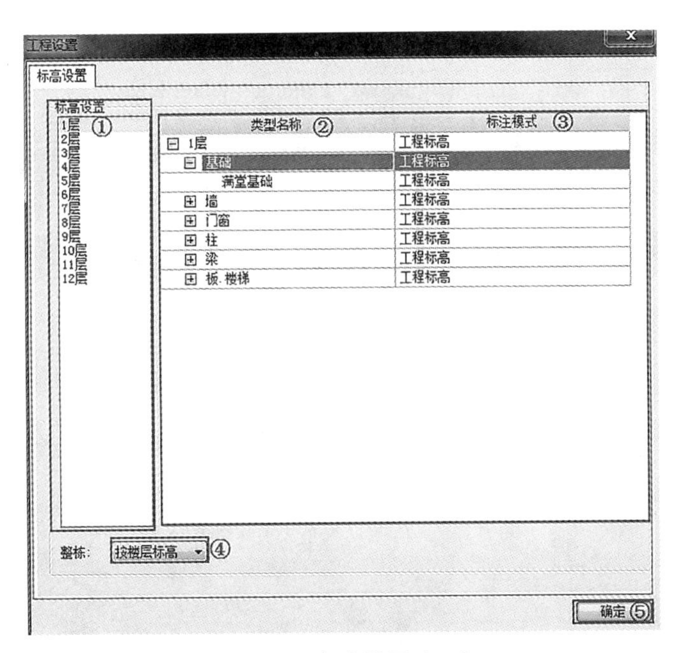

图 3-16　标高设置（二）

7. 安全参数

安全参数指按照规范要求并结合施工现场工况设置脚手架搭设形式、材料、荷载等参数；有两种填写方法，一是通过下拉菜单 \【工程】\【工程设置】\【安全参数】，如图 3-17 所示。

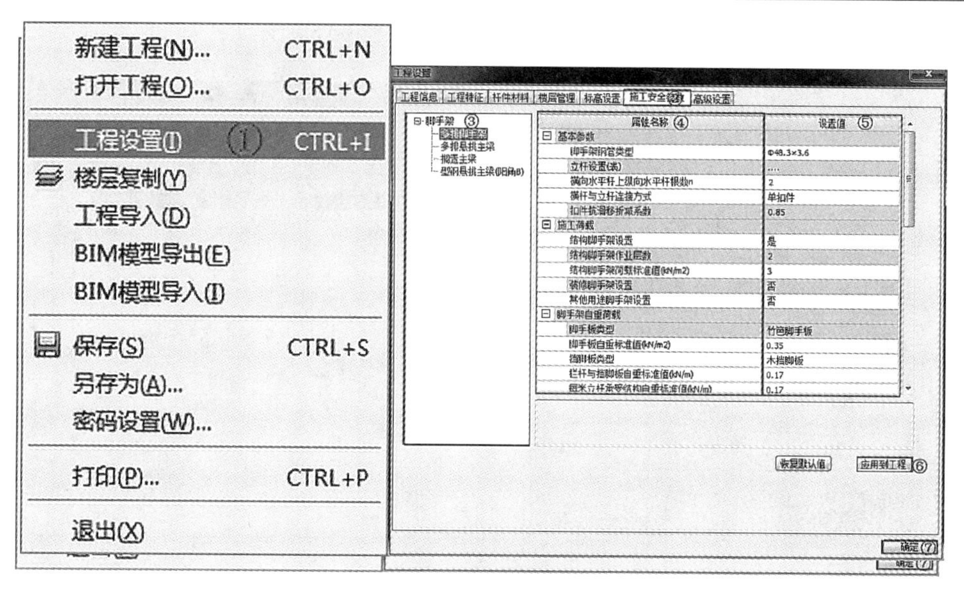

图 3-17 安全参数设置（一）

工程信息设置

二是通过功能菜单\【工程设置】\【安全参数】，设置成功后，点击「应用到工程」，将所设定的参数应用到工程中，点击「确定」退出，如图 3-18 所示。

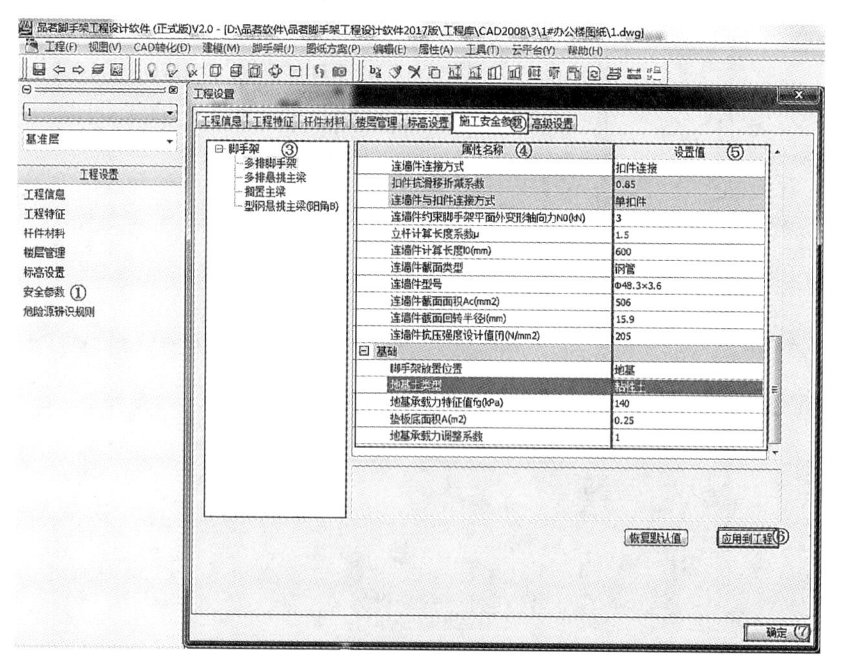

图 3-18 安全参数设置（二）

8. 危险源辨识规则

对落地式脚手架、悬挑式脚手架搭设高度限值进行设定，如图 3-19 所示。

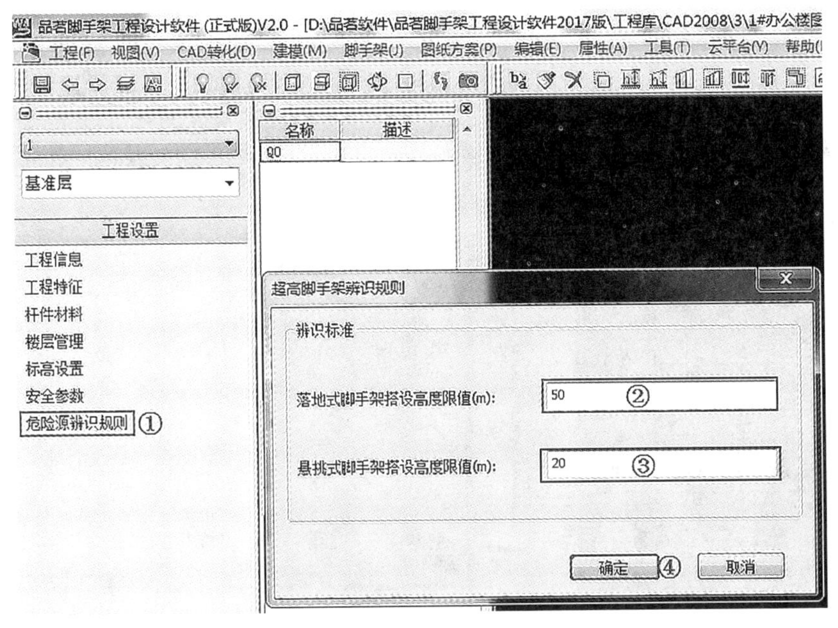

图 3-19　高度限值设置

3.3　CAD 转化

通过 CAD 转化下拉菜单或 CAD 转化快捷键，调入有楼层表的 CAD 文件或在 AutoCAD 中将楼层表复制至本软件中，如图 3-20 所示。

1. 识别

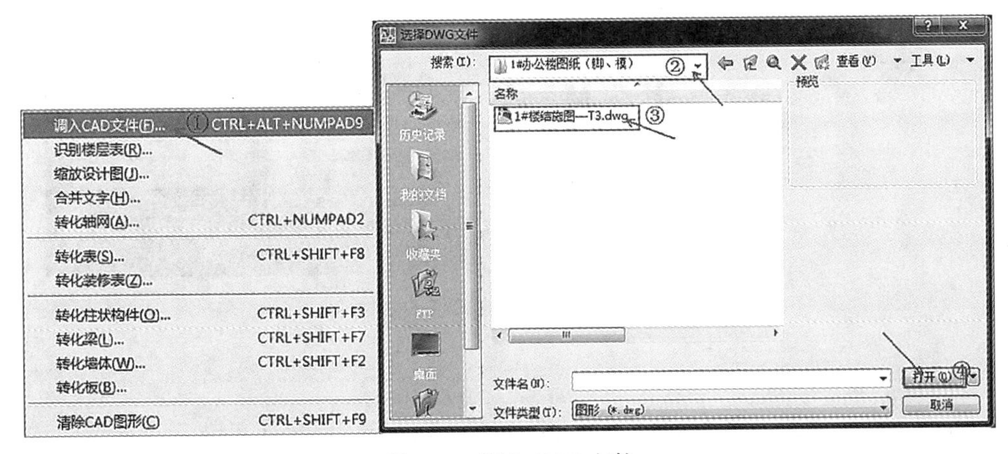

图 3-20　调入 CAD 文件

2. 楼层表

将结构楼层表置于当前绘图区，添加屋面层，添加顶层楼梯层，并填写层高，楼地面标高，检查各数据，正确后，点击功能菜单【CAD 转化】【识别楼层】，按住左键框选图 3-21 整个楼层表，显示如图 3-22 所示，添加屋面层，检查无误后点击确定，如

图 3-23 所示。

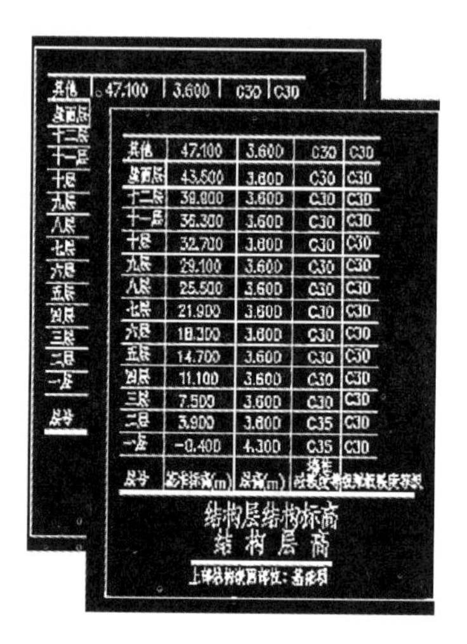

其他	47.100	3.600	C30	C30
屋面层	43.500	3.600	C30	C30
十二层	39.900	3.600	C30	C30
十一层	36.300	3.600	C30	C30
十层	32.700	3.600	C30	C30
九层	29.100	3.600	C30	C30
八层	25.500	3.600	C30	C30
七层	21.900	3.600	C30	C30
六层	18.300	3.600	C30	C30
五层	14.700	3.600	C30	C30
四层	11.100	3.600	C30	C30
三层	7.500	3.600	C30	C30
二层	3.900	3.600	C35	C30
一层	-0.400	4.300	C35	C30
层号	结构标高(m)	层高(m)		

图 3-21　左键框选整个楼层表

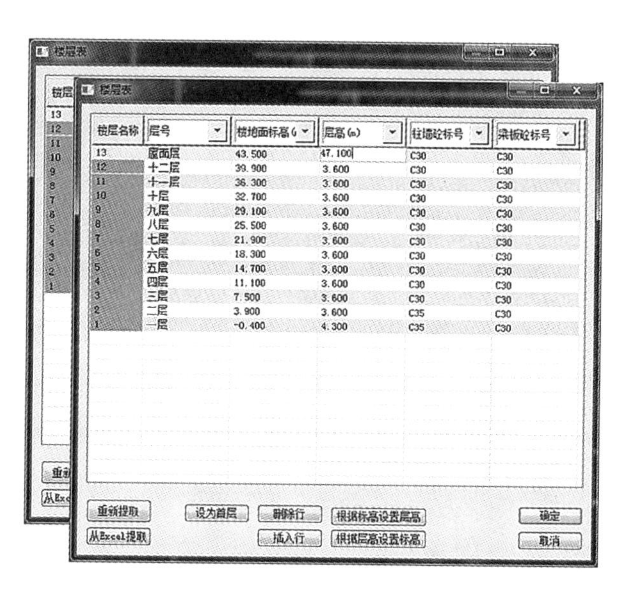

楼层名称	层号	楼地面标高(m)	层高(m)	柱墙砼标号	梁板砼标号
13	屋面层	43.500	47.100	C30	C30
12	十二层	39.900	3.600	C30	C30
11	十一层	36.300	3.600	C30	C30
10	十层	32.700	3.600	C30	C30
9	九层	29.100	3.600	C30	C30
8	八层	25.500	3.600	C30	C30
7	七层	21.900	3.600	C30	C30
6	六层	18.300	3.600	C30	C30
5	五层	14.700	3.600	C30	C30
4	四层	11.100	3.600	C30	C30
3	三层	7.500	3.600	C30	C30
2	二层	3.900	3.600	C35	C30
1	一层	-0.400	4.300	C35	C30

图 3-22　整个楼层表显示

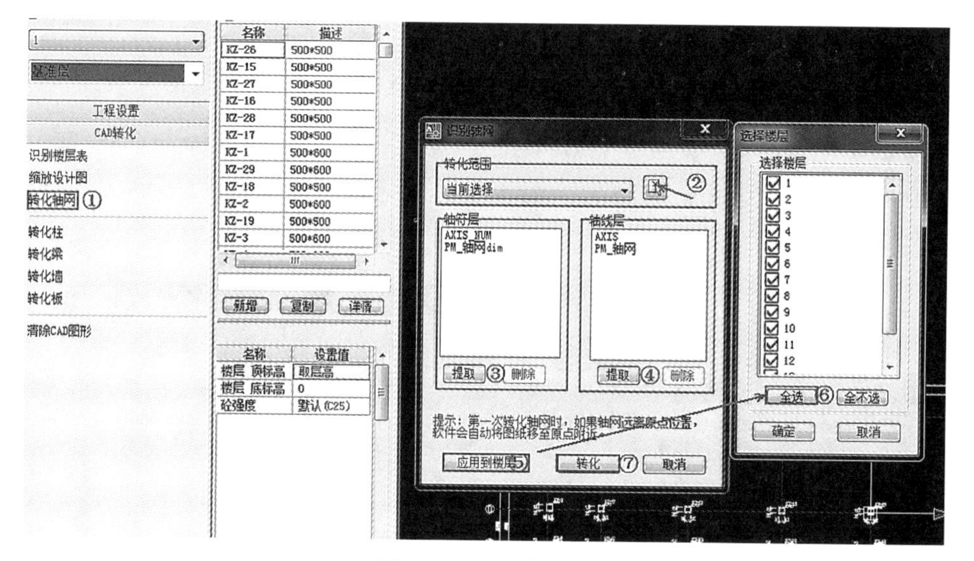

图 3-23　选定楼层表

3. 转化轴网

将－0.400 ～ 43.500m 层柱结构平面图用左键全选后，右键打开快捷菜单选择【带基点复制】(注意命令行提示：指定基点)，选择 A 和①轴线交点为基点，【粘贴】至绘图区任意位置，如图 3-24 所示；点击功能菜单或 CAD 转化下拉菜单中【转化轴网】，通过提取图形中的轴符层及轴线层完成轴网的有效转化；本工程以上各层如与 1 层相同，选择应用到楼层，选择楼层号点击楼层，完毕后点选转化，如图 3-25 所示。

CAD 建模 - 识别楼层表、转化轴网

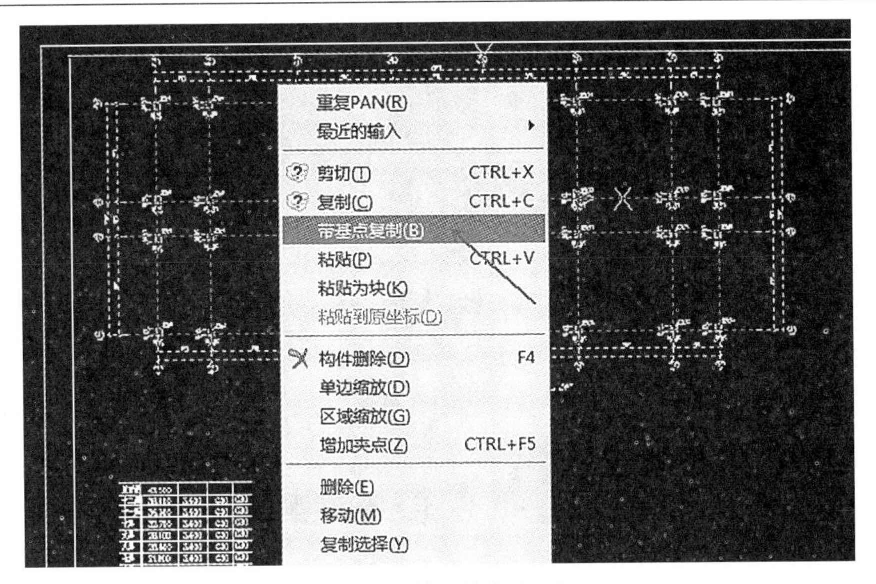

图 3-24 轴网转化（一）

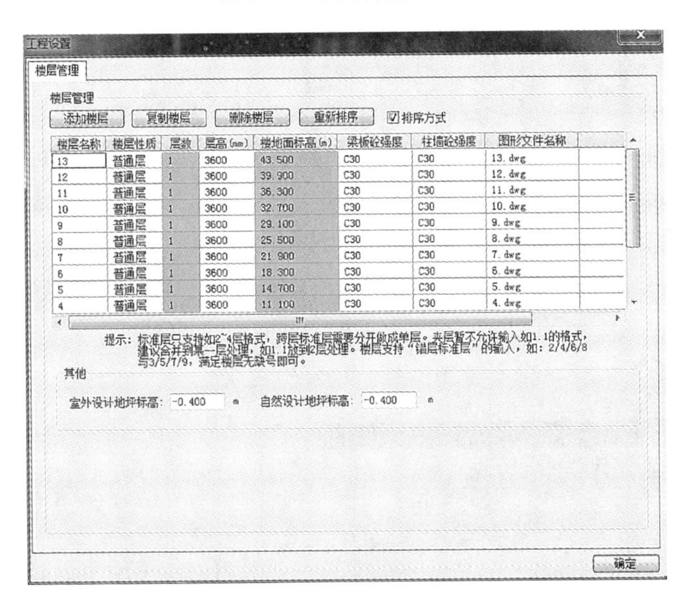

图 3-25 轴网转化（二）

4. 转化柱

将当前层设置为第 1 层，在已转化轴网图上，设置结构平面图中需转化的柱识别符，通过提取图中混凝土柱标注层、边线层完成混凝土柱的转化，完成第 1 层柱子转化，如图 3-26，点击工具栏进行预览，如图 3-27 所示；同理转化 2 层柱，本工程 3 ～ 12 层与 2 层相同，点击【楼层复制】，工具栏，复制至 3 ～ 12 各层，如图 3-28 所示；点选工具【整栋三维显示】，如图 3-29 所示，进行预览；点选工具栏【全平面显示】，返回平面显示。

CAD 建模 - 柱转化

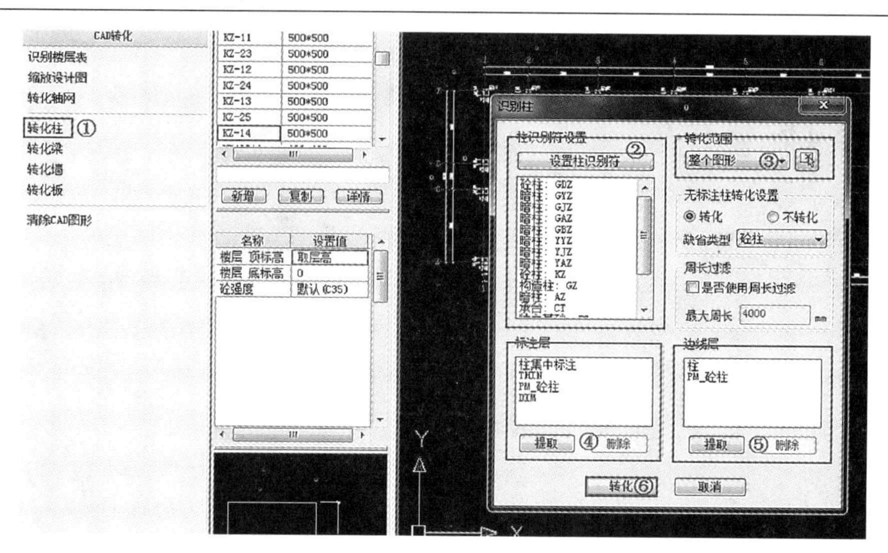

图 3-26　柱转化（一）

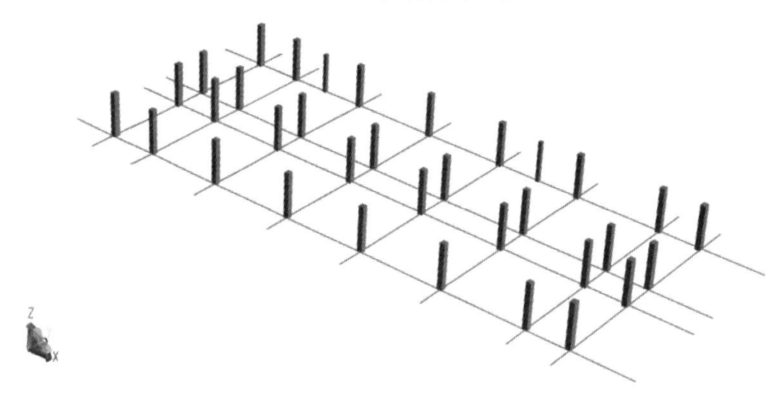

图 3-27　柱转化（二）

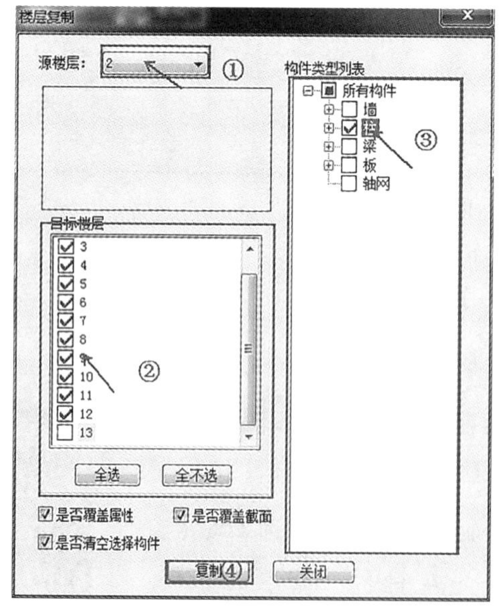

图 3-28　柱转化（三）

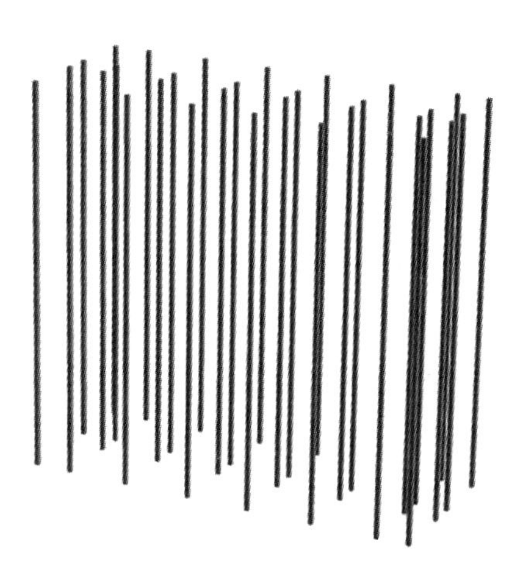

图 3-29　柱转化（四）

左键全选楼梯及电梯屋面板配筋图，左下角 A 和①轴线交点为基点，将当前层由 1 层改为 13 层，如图 3-30，选择粘贴至第 13 层，注意左下角基点对齐，如图 3-31 所示，然后如图 3-24 所示进行操作，完成第 13 层柱转化。

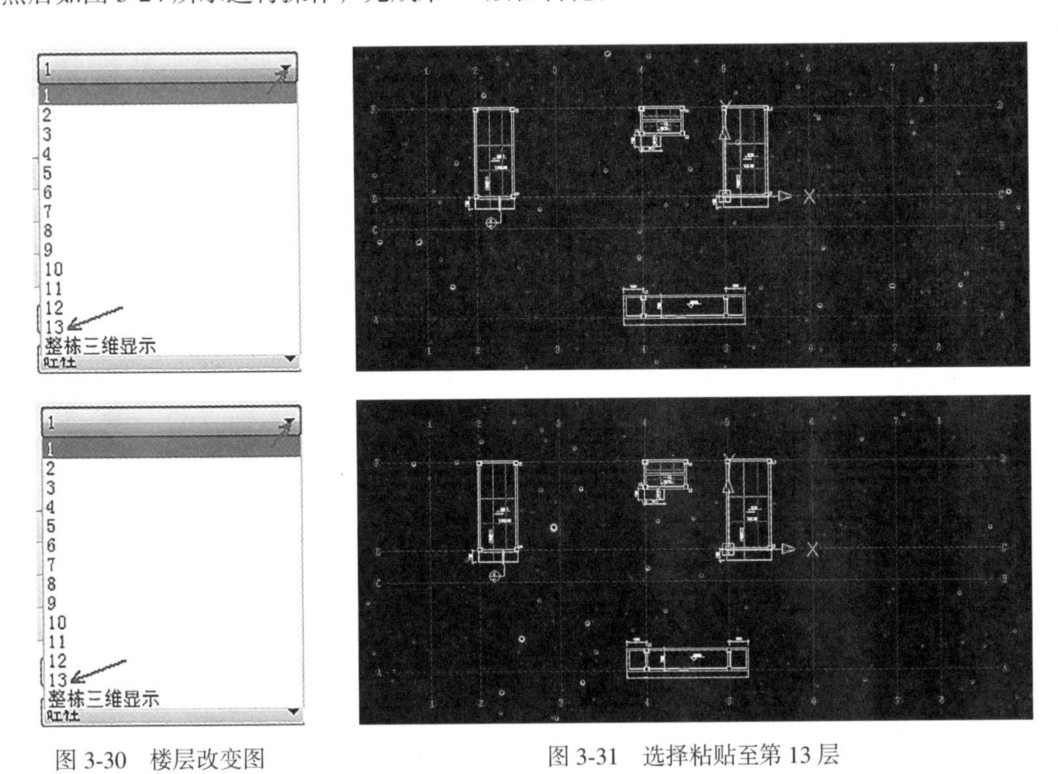

图 3-30　楼层改变图　　　　图 3-31　选择粘贴至第 13 层

选择 预览当前层柱子建模全图，如图 3-32 所示。

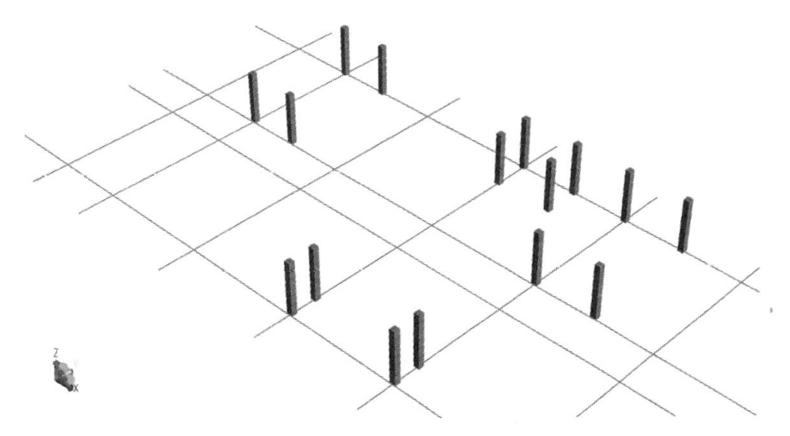

图 3-32　柱子建模全图

5. 转化梁

同柱体转化。将 3.900m 标高处梁图，用左键全选后，右键选择带基点复制至剪贴板中，再将当前层设置为第 2 层，在建模区用右键打开快捷菜单选择粘贴，注意与左下角所选基点重合，点击功能菜单【CAD 转化】\【转化梁】，在对话框中点击【转化范围】，左键框选 3.900m 标高梁结构平面图为当前选择，右键结束，分别设置图纸中对应【梁识别符】及【梁宽范围】，再通过提取梁【标注层】、【边线层】，点击【转化】完成混凝土梁转化，如图 3-33 所示；修改四角处梁角缺损，点选显示本层三维显示，进行预览，如图 3-34 所示；同理，返回第 1 层，将 7.500 ～ 39.900m 标高梁带基点复制至剪贴板，再将当前层设置为第 3 层，粘贴至建模区，注意与左下角所选基点重合，再如图 3-33 进行操作，同理修改四角缺损，因为此图为标准层，所以点击【楼层复制】，选择源楼层为 3，目标层为 4 ～ 12，构件类型为梁，如图 3-35 进行设置，完成 4 ～ 12 层操作，同理，完成后再对 43.500m 标高处梁进行操作，最后完成楼梯电梯间梁的 CAD 转化，如图 3-36 ～图 3-38 所示。

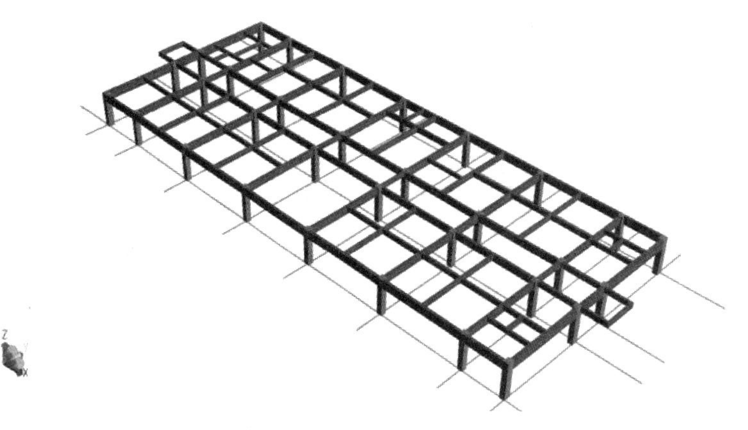

图 3-34　本层三维显示

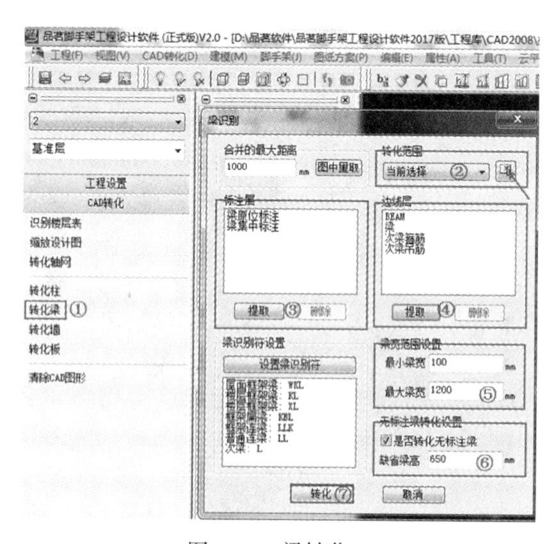

图 3-33　梁转化

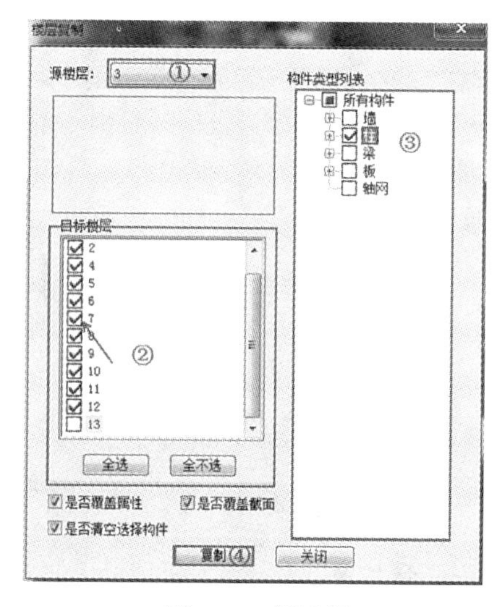

图 3-35　梁选择

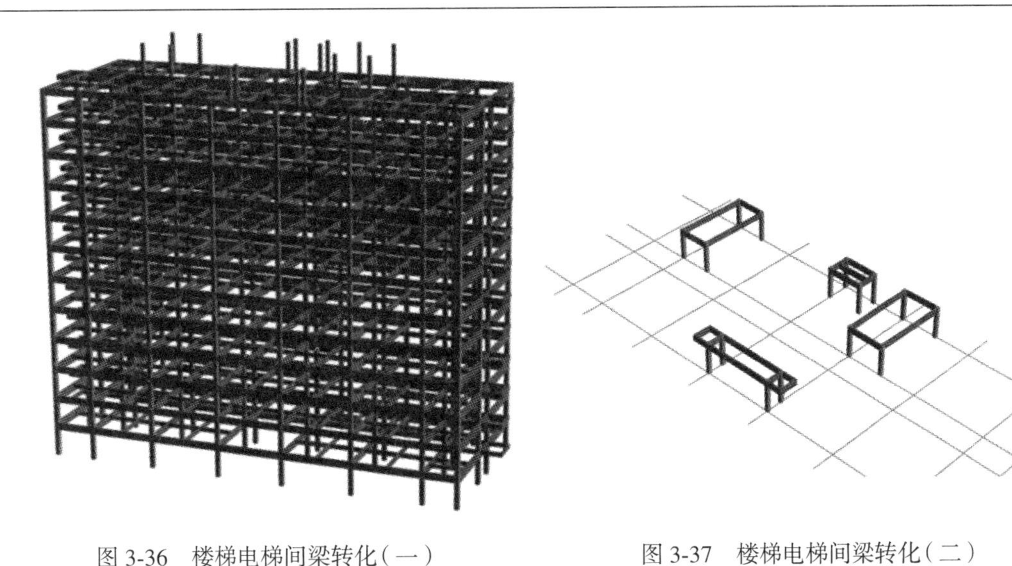

图 3-36 楼梯电梯间梁转化（一）　　图 3-37 楼梯电梯间梁转化（二）

CAD 建模 - 梁板转化

图 3-38 楼梯电梯间梁的 CAD 转化（三）

6. **转化板**

同梁转化。将 3.900m 标高处板图，用左键全选后，右键选择带基点复制至剪贴板中，再将当前层设置为第 2 层，在建模区用右键打开快捷菜单选择粘贴，注意与左下角所选基点重合，点击功能菜单【CAD 转化】\【转化板】，在对话框中点击【转化范围】，左键框选 3.900m 标高板结构平面图为当前选择，右键结束，点击【CAD 转化】\【转化板】，在弹出的对话框中选择转化范围为当前层，如图 3-39 所示，提取标注层，再设置缺省板厚值，点击【转化】，删除开孔处的转化板，如图 3-40 所示，完成第 2 层转化，选择预览本层建模，如图 3-41 所示。其他各层与以上步骤类同操作，预览建模全图，如图 3-42 所示。

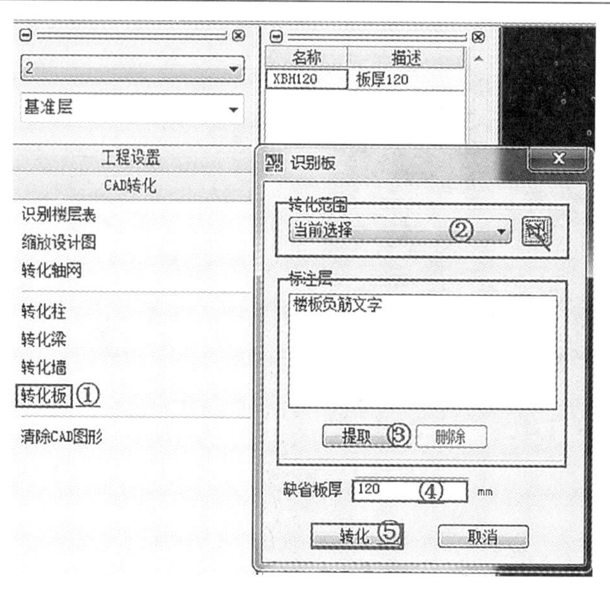

图 3-39　楼层选择

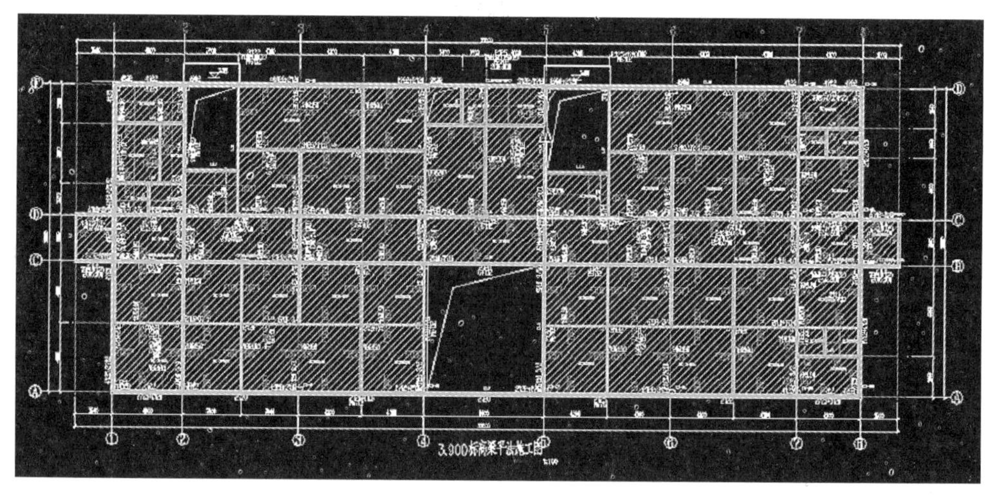

图 3-40　删除开孔处的转化板

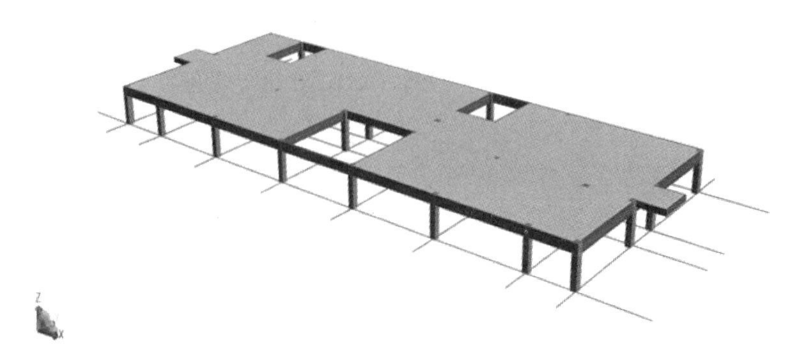

图 3-41　选择本层板

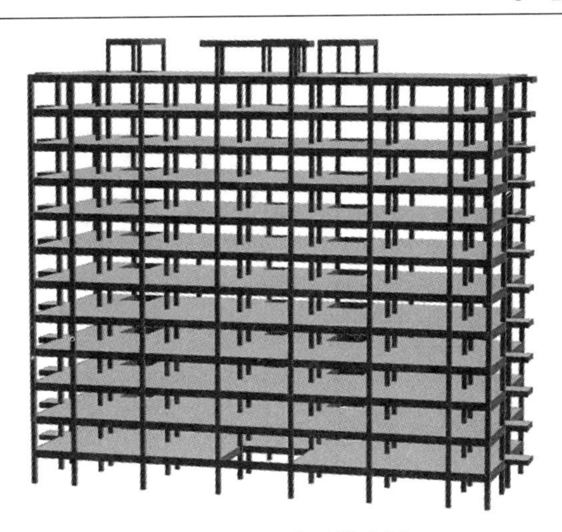

图 3-42 预览建模全图

7. **清除 CAD 图形**

按上式步骤已转化完各类、各层混凝土构件后，可以点击【清除 CAD 图形】按钮将原有图纸删除。

3.4 智能搭设脚手架

在已建好模型中，通过【识别建筑外轮廓线】【智能布置脚手架】【智能布置剪刀撑】【智能布置连墙件】【智能布置围护杆件】功能按钮实现脚手架的智能优化布置。

1. **识别建筑外轮廓线**

在建好模型的视图中，将当前图层改为第 1 层，选择【脚手架】下拉菜单或功能区中【脚手架】\【识别建筑外轮廓线】，生成红色建筑外轮廓线，如图 3-43 所示；根据当前属性区显示，修改各层板厚、混凝土强度、顶标高；如果需要对建筑外轮廓线编辑，则选择【脚手架】下拉菜单或功能区中【脚手架】\【编辑建筑外轮廓线】，如图 3-44 所示。

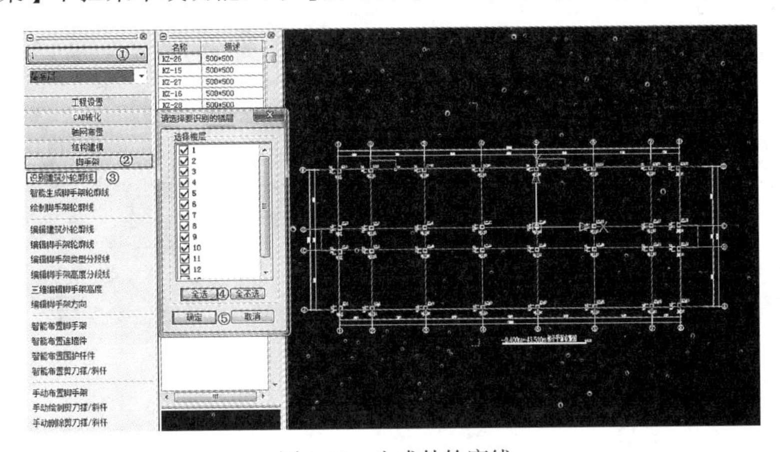

图 3-43 生成外轮廓线

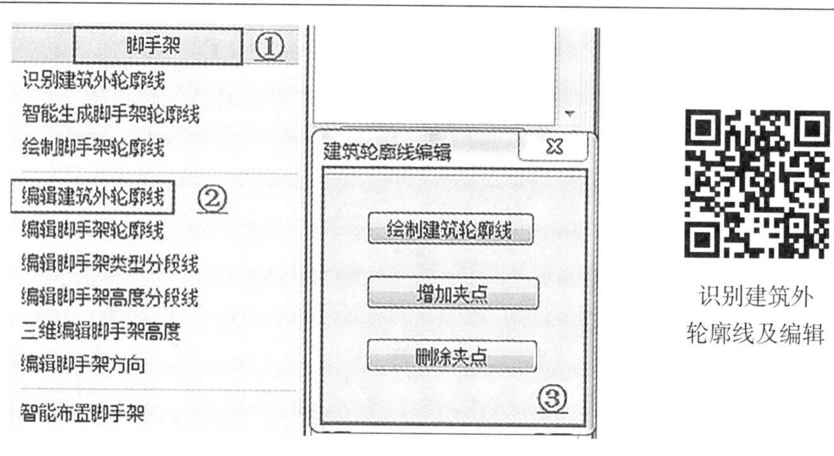

识别建筑外轮廓线及编辑

图 3-44　识别外轮廓线

2. 智能生成脚手架轮廓线

选择脚手架下拉菜单或功能区【脚手架】\【智能生成脚手架轮廓线】，如图 3-45 为紫色实线；如需编辑，选择脚手架下拉菜单或功能区【脚手架】\【编辑脚手架轮廓线】，如图 3-46 所示；选择脚手架下拉菜单或功能区【脚手架】\【编辑脚手架类型分段线】，选择楼层，对各架体类型进行调整，如选第 13 层，对默认的悬挑脚手架类型，通过【合并类型分段】将本层各分段进行合并，再选择【架体类型调整】对架体按设计进行调整，如图 3-47 所示；如需要，增加分段，再点击【智能生成脚手架轮廓线】出现【脚手架分段高度设置】，在对话框中增加分段操作。

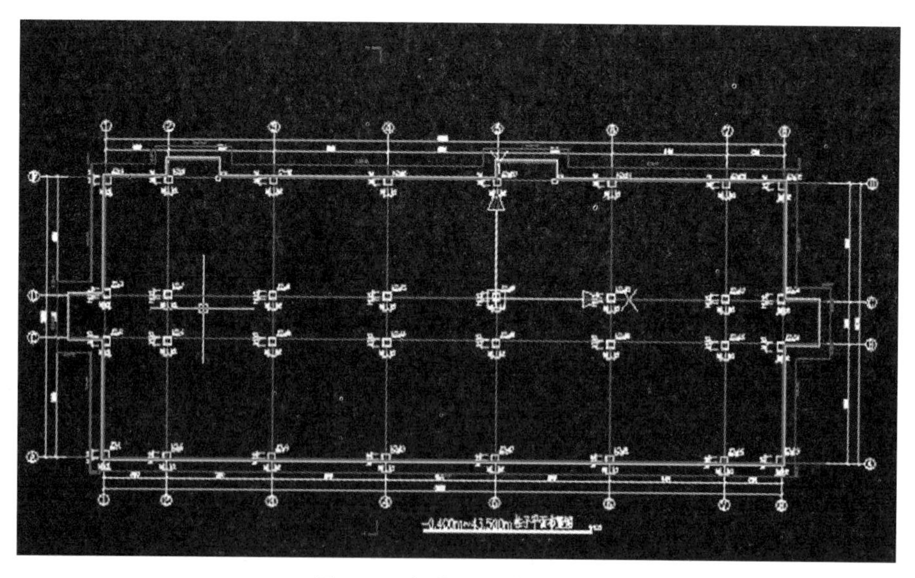

图 3-45　智能生成外轮廓线

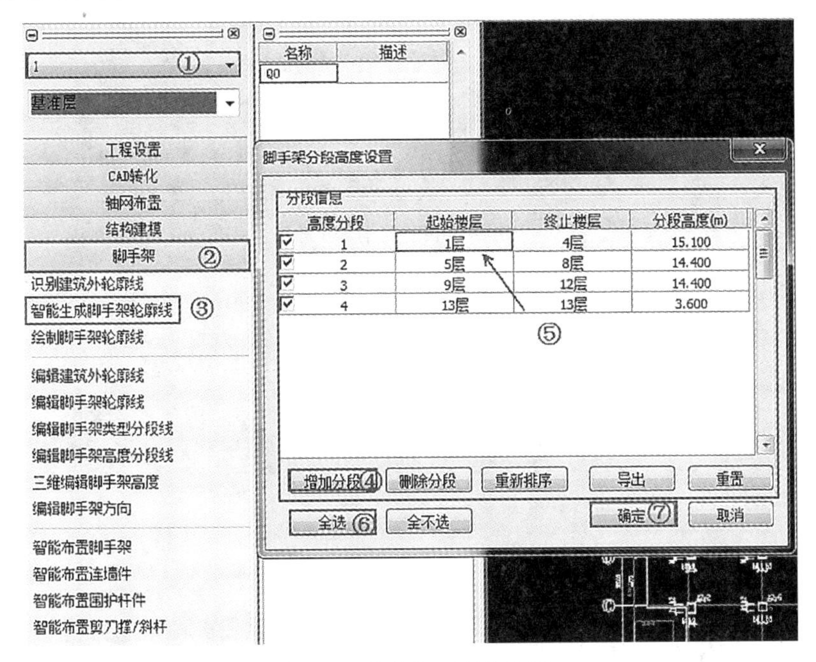

图 3-46　编辑脚手架轮廓线

智能生成脚手架轮廓线及编辑

绘制脚手架轮廓线及编辑

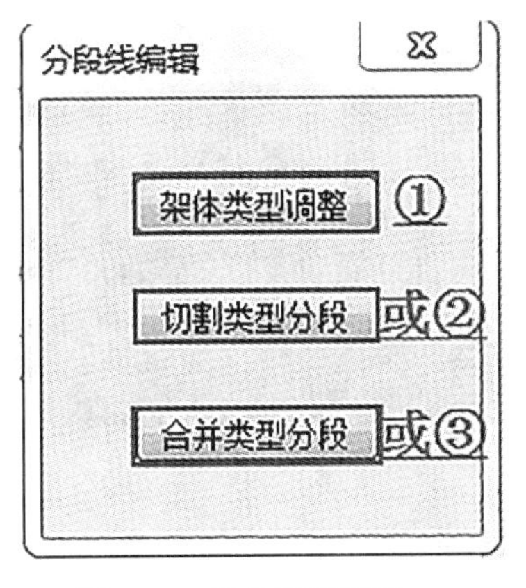

图 3-47　架体类型调整

编辑脚手架类型分段线

编辑脚手架高度分段线

3. 智能生成脚手架

脚手架下拉菜单或功能区【脚手架】\【智能布置脚手架】，在命令行中根据需要选择布置方式【区域布置（A）】/【整栋布置（D）】/【分段布置（S）】，默认 <S>，如当前层是第 13 层，回车，显示如图 3-48 所示，对第 13 层脚手架类型进行编辑，点击功能区【脚手架】\【编辑脚手架类型分段线】，在弹出的快捷对话框中选择【切割类型分段线】，再次点击【架体类型调整】，在右键出现的快捷菜单中选择类型对脚手架进行调整，将支撑在板面上的设置为多排脚手架；点击功能区【脚手架】\【智能布置脚手架】，如图 3-49 所示，三维显示第 13 层，如图 3-50 所示；如选择【整栋布置（D）】，三维显示如图 3-51 所示。

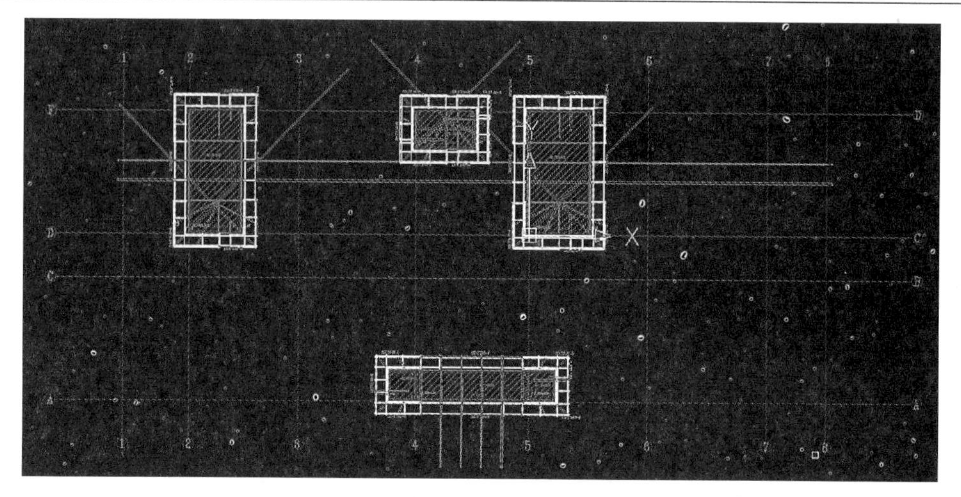

图 3-48　智能布置脚手架（一）

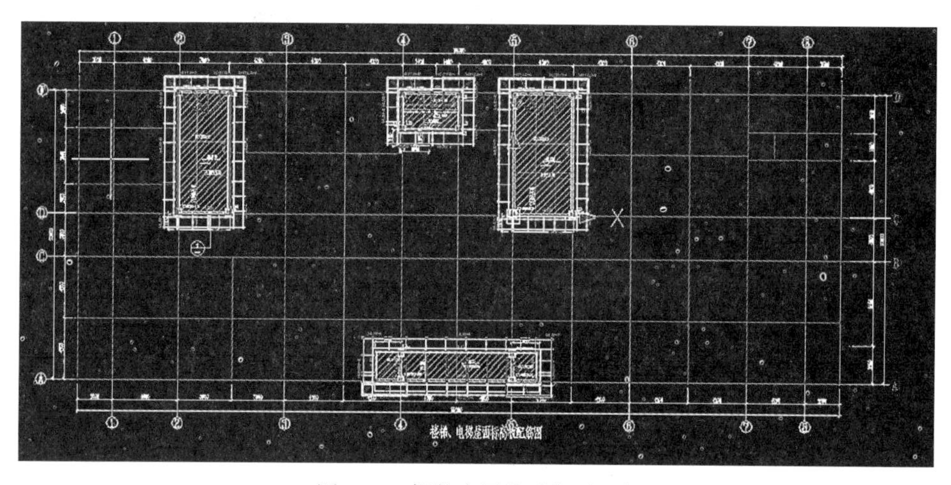

图 3-49　智能布置脚手架（二）

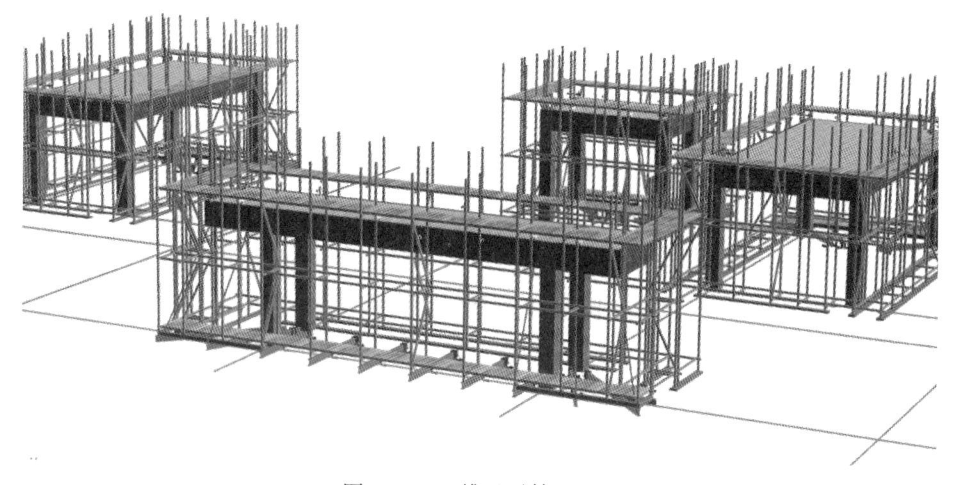

图 3-50　三维显示第 13 层

智能布置脚手架

图 3-51 脚手架三维图

4. 智能布置连墙件

选择脚手架下拉菜单或功能区【脚手架】\【智能布置连墙件】，在命令行选择布置方式，【分段布置（S）】\【整栋布置（D）】，图 3-52 对连墙件向外延伸跨，连墙件水平间距（跨）进行设置，图 3-53 是连墙件三维图。

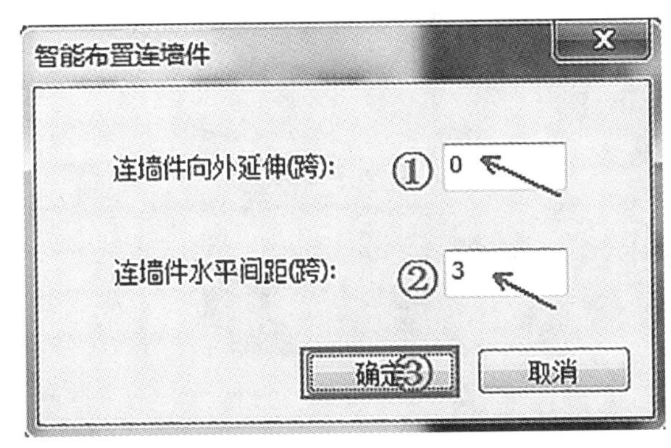

图 3-52 连墙件水平间距设置

图 3-53 连墙件三维图

5. 智能布置围护栏杆

选择脚手架下拉菜单或功能区【脚手架】\【智能布置围护杆件】，在命令行选择布置方式【分段布置（S）】/【整栋布置（D）】，在出现的对话框，如图 3-54 所示，根据本工程及规程规定，对参数进行设置；图 3-55 是围护栏杆三维图。

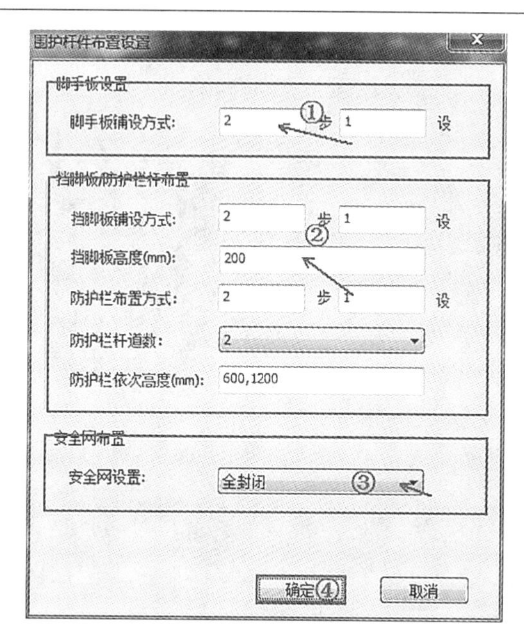

图 3-54　围护参数设置

智能布置连墙件与围护杆件

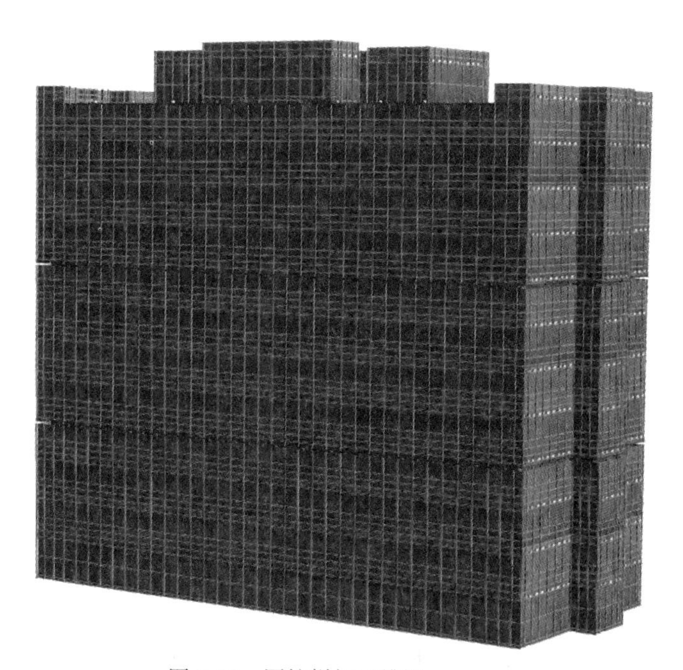

图 3-55　围护栏杆三维图

6. 智能布置剪刀撑

根据规程设定剪刀撑布置规则，选择脚手架下拉菜单或功能区【脚手架】\【智能布置连墙件】，在命令行中选择布置方式【整体布置（D）】\【本分段布置（S）】，选择【整体布置（D）】对出现的剪刀撑参数设置对话框中，设置相关参数，如图 3-56 所示，点击确定，即可自动布置最优剪刀撑，点击三维图形如图 3-57 所示。

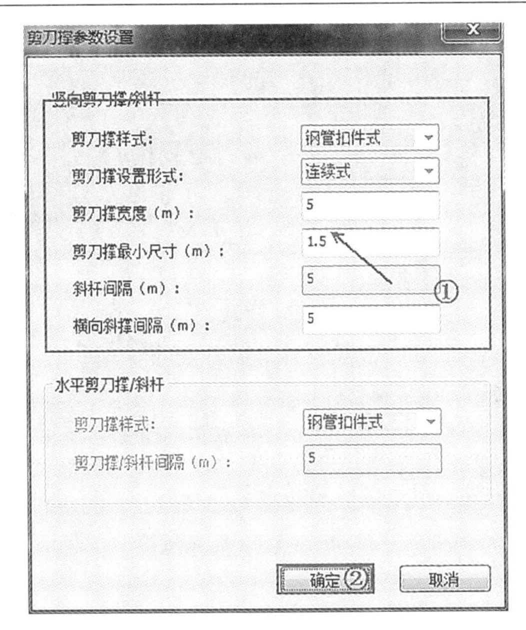

智能布置剪刀撑斜杆

图 3-56　剪刀撑参数设置

图 3-57　脚手架三维图

7. 安全复核

通过安全复核，可检查设计的脚手架是否合理，安全可靠。

选择脚手架下拉菜单或快捷菜单\安全复核，选择复核方式，【本层安全复核（S）】/【整栋安全复核（D）】，根据提示进行更改，如图 3-58 所示。

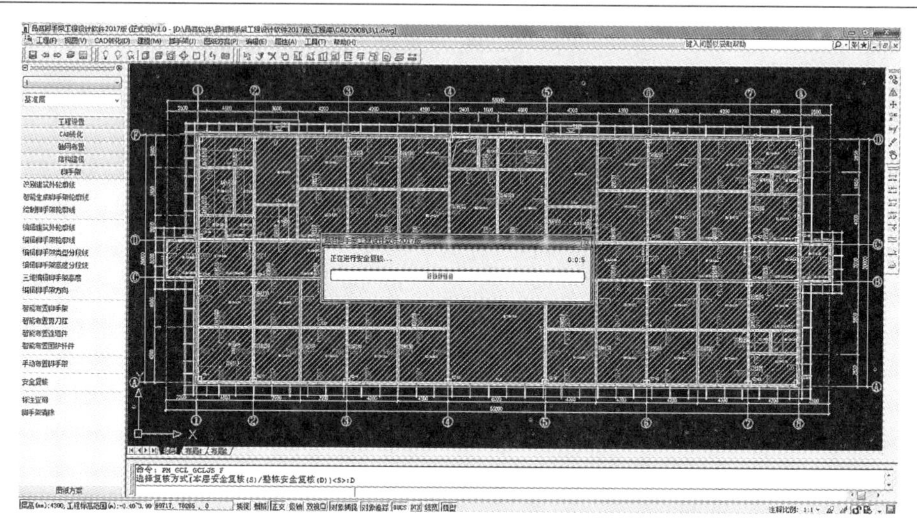

图 3-58 脚手架安全复核

3.5 图纸方案

图纸方案功能是品茗脚手架设计软件成果输出的环节，可一键生成脚手架架体平面图、连墙件平面图、悬挑主梁平面图、剖面图、大样图、脚手架计算书、脚手架专项方案、材料统计报表等相关技术文件。

1. 生成平面图

选择下拉菜单【图纸方案】或功能区菜单【图纸方案】\【架体平面图】、【连墙件平面图】、【悬挑主梁平面图】，选择导出【本层（S）】/【整栋（D）】。

2. 生成剖面图

可导出本层或整栋脚手架剖面图，选择下拉菜单图纸方案\【剖面图】或功能区菜单【绘制剖切线】，【生成剖面图】，首先【绘制剖切线】，指定剖切方向，再选择【生成剖面图】，导出方式【本层（S】）/【整栋（D）】/【区域（A）】，选择剖切线，输入剖切深度，回车后，会根据选定的导出方式自动生成图纸。

3. 节点大样图

选择下拉菜单【图纸方案】\【节点大样】、【节点详图】或功能菜单【图纸方案】\【大样图】、【节点详图】，通过选择脚手架分段线，导出脚手架搭设大样图和大样图。

4. 立面图

选择下拉菜单【图纸方案】\【立面图】或功能区菜单【立面图】，自动导出脚手架搭设四个方向的立面图。

5. 生成计算书

选择下拉菜单【图纸方案】\【计算书】或功能区菜单\【生成计算书】，选择脚手架分段线生成脚手架计算书。

6. **生成方案书**

选择下拉菜单【图纸方案】\【生成方案书】或功能区菜单\【生成方案书】，选择导出【本层（A）/ 整栋（B）/ 区域（C）】，选择后自动根据选择导出结果。

7. **危险源识别**

智能分析脚手架是否属于超高脚手架。

成果生成

8. **材料统计反查报表**

自动生成脚手架中包括立杆、水平杆、剪刀撑、安全网等材料使用统计报表。

9. **脚手架搭设汇总表**

自动生成脚手架搭设参数汇总表。

参考文献

[1] 中国建筑科学研究院．JGJ 130—2011 建筑施工扣件式钢管脚手架安全技术规范．北京：中国建筑工业出版社．2011.

[2] 住建部令 [2018] 第 37 号《危险性较大的分部分项工程安全管理规定》

[3] 建办质 [2018]31 号《住房城乡建设部办公厅关于实施〈危险性较大的分部分项工程安全管理规定〉有关问题的通知》

[4] 中国建筑第八工程局有限公司 ZJQ 08—SGJB 003—2017．建筑施工脚手架安全技术标准．北京：中国建筑工业出版社．2017.

[5] 中国建筑科学研究院．建筑业 10 项新技术（2017 版）．北京：中国建筑工业出版社．2017.

[6] 建筑结构设计规范．北京：中国建筑工业出版社．2008.

[7] 中国建筑业协会，内蒙古兴泰建筑有限责任公司．GB 51210—2016 建筑施工脚手架安全技术统一标准．北京：中国建筑工业出版社．2017.

[8] GB/T 50001—2017．房屋建筑制图统一标准；北京：中国建筑工业出版社．2017.

[9] GB/T 51212—2016．建筑信息模型应用统一标准；北京：中国建筑工业出版社．2017.